中式思维

曾仕强 | 著

北京联合出版公司
Beijing United Publishing Co.,Ltd.

图书在版编目（CIP）数据

中式思维 / 曾仕强著. -- 北京：北京联合出版公司，2023.10

ISBN 978-7-5596-7208-7

Ⅰ. ①中… Ⅱ. ①曾… Ⅲ. ①思维形式－中国－通俗读物 Ⅳ. ①B804-49

中国国家版本馆CIP数据核字（2023）第166806号

中式思维

作　　者：曾仕强
出 品 人：赵红仕
选题策划：北京时代光华图书有限公司
责任编辑：徐　鹏
特约编辑：高志红
封面设计：新艺书文化

北京联合出版公司出版
（北京市西城区德外大街83号楼9层　　100088）
北京时代光华图书有限公司发行
文畅阁印刷有限公司印刷　　新华书店经销
字数231千字　　787毫米×1092毫米　　1/16　　18.5印张
2023年10月第1版　　2023年10月第1次印刷
ISBN 978-7-5596-7208-7
定价：78.00元

目 录

前 言

上 篇

第一章 东西文化的根本差异

我们只有一个地球 / 007
西方人从西方观察 / 008
东方人从东方审视 / 009
一样事实，两种看法 / 009
意识形态显有差异 / 010
产生中西不同观点 / 011

第二章 “二构成一”的特性

是非十分明确，表达也很清楚 / 017

彼此公平竞争，接受优胜劣败 / 018
避免过度膨胀，讲求有力制衡 / 019
注重个人权益，尽力加以维护 / 021
善于表现的人，容易获得成功 / 022
一切遵照规定，大家依法而行 / 022

第三章 “二构成一”的优点

适合于稳定的环境 / 027
有一定的途径可循 / 028
权利义务相当明确 / 028
看起来条理很分明 / 029
有利于教育和学习 / 030
相对地简单和专业 / 031

第四章 “二构成一”的缺失

缺乏应变力 / 037
丧失创造力 / 038
不喜欢创新 / 038
不能够互助 / 039
书面才算数 / 039
不容易调整 / 040

第五章 “一内涵二”的特性

是非并不明确，表达也很含糊 / 045
彼此互补互助，能者应该多劳 / 046

不需明显制衡，不知不觉互动 / 047
注重个人义务，力求善尽责任 / 048
善于隐藏实力，必要时才显露 / 050
因时因地制宜，大家合理配合 / 051

第六章　“一内涵二”的优点

适合于变动的环境 / 057
采取持经达变方式 / 059
随时可以调整应变 / 060
继旧开新，日新又新 / 061
可进可退，因时制宜 / 062
在动态中维持均衡 / 063

第七章　“一内涵二”的缺失

不容易学习 / 069
不觉得公平 / 070
不容易判断 / 071
不觉得单纯 / 073
不能说分明 / 074
不易生信任 / 075

第八章　都可能变成“一统全局”

“二构成一”有四种变形 / 079
要变成“一内涵二”很难 / 080
“一内涵二”有五种变形 / 081

很容易变成“二构成一” / 083
只有一种共同的变形 / 084
特别称之为“一统全局” / 086

第九章 “一统全局”的特性

绝对服从上级的命令 / 091
对外抗争而对内互助 / 092
以关怀消弭制衡心理 / 093
注重团体 / 095
不容许个人有突出的表现 / 096
组织成员一致行动 / 098

第十章 “一统全局”的优点

适合小变动的环境 / 103
执行没有大的阻力 / 104
充分沟通再做决策 / 106
大家商量才能改变 / 107
团体的约束力甚强 / 109
成员必须充分合作 / 110

第十一章 “一统全局”的缺失

决策错误时损失很重 / 115
团体所施的压力太强 / 115
个人的牺牲实在太大 / 116
脱离团体时不知所措 / 117
实非一般人所能忍受 / 118

第十二章　纷乱的根源

过去各自拥有不同的理念 / 123
彼此不兼容引起区域战争 / 124
现代信息发达社会多元化 / 125
不同理念在同一区域争吵 / 126
今后区域内纷争必定增多 / 127
如何化解继续深入去探究 / 128

|下　篇|

第十三章　中国人的基本精神

一切都是不一定 / 141
不一定也不一定 / 142
从不一定到一定 / 144
一定含有不一定 / 145
变来变去都一样 / 146
一样会变来变去 / 148

第十四章　中国人的基本信条

坚持以不变应万变 / 153
以不变应万变是变 / 154
变到和没有变一样 / 156
有所变又有所不变 / 157
持经达变以求合理 / 159
合理应变叫作时中 / 160

第十五章　中国人的基本立场

既不表示赞成，也不表示反对 / 165

应该反对才反对，否则就赞成 / 166

有本事不可以随便表现出来 / 168

深藏不露才不致一表现就死 / 169

可以骗别人，千万不能骗自己 / 171

保留颜面，促使自己好好表现 / 172

第十六章　中国人的矛盾心态

喜欢管人，却不喜欢被管 / 177

一方面自大，一方面自卑 / 178

被抓住时很乖，一放手便作怪 / 180

自己含糊，却骂人不清楚 / 180

害怕被讨好，又怕受冷落 / 183

遇有矛盾设法把它化解 / 184

第十七章　中国人的心灵状态

随时随地都十分自由 / 189

自由之中要讲求伦理 / 190

与人有关的事都主观 / 192

科学也不可能纯客观 / 193

第十八章　中国人的衡量标准

不喜欢单一的衡量标准 / 197

多重标准以寻求合理点 / 198

有时候对外人比较客气 / 200
有些事对自己人更宽厚 / 201
看起来亲疏有别不公平 / 203
注重长期性与综合性的平等 / 204

第十九章 中国人的判断标准

妥当性往往大于真实性 / 209
虚妄和诚信并没有关系 / 210
和合性常常大于分别性 / 212
合中有分容易维持和谐 / 213
合理性层次高于合法性 / 215
我们只能接受合理的法 / 216

第二十章 中国人的基本态度

习惯于含含糊糊中找出明朗的答案 / 221
用彼消我长的较量精神彼此拉扯 / 222
自愿追随也可长相左右 / 224
以下赌注的心态来寻找合理平衡点 / 225

第二十一章 中国人的复合标准

害怕权威却不服从权威 / 231
喜欢表现却又害怕表现 / 232
个人主义却又重视团体 / 234
没有意见便是很有意见 / 235
不用担心就是各自小心 / 237
中国人主张合理就好 / 238

第二十二章　中国人的必要修养

明辨随机应变和投机取巧 / 243
把圆通和圆滑切实分清楚 / 244
分辨虚妄和欺骗的差异性 / 246
辨别艺术和权术的分界点 / 247
区别“大我”与“小我”的同和异 / 248
弄清楚经和权之间的配合 / 249

第二十三章　现代中国人的共同问题

脑筋时常不清楚 / 255
对自己很不了解 / 256
说什么融合中西 / 258
谈什么他山之石 / 259
对自己缺乏信心 / 261
不认真提升自己 / 262

第二十四章　现代中国人应有的素养

重新认识中华文化 / 267
先做好一个中国人 / 268
建立中国人的观点 / 270
客观比较中西文化 / 271
尊重各种文化特性 / 272
自然成为世界主流 / 274

结语　/　277

前　言

我们首先假定人类有三种基本的思维方式，分别用三种图形来表示：

1. 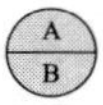

这种AB式的思维，凡事是非分明，表达也十分清楚。

2. 

这种甲乙式的思维，凡事是非不一定分明，表达也常常相当含糊。

3.  这种大和式的思维，凡事以前辈的是非为是非，讲求团队精神。

举例来说，问一位美国人："你要喝什么？"答案通常十分清楚："咖啡。""要不要奶精？""要。""加糖吗？""不要。"

换成一位中国人："你要喝什么？"答案通常相当含糊："随便。"就算问得十分清楚："请问要喝茶还是咖啡？"答案也相当模糊："都可以。"

问日本人呢？他会让前辈先表示意见，然后再跟着前辈要同样的饮料。同样的选择，用意只在表示步调一致。

再看，问一位美国人："A对还是B对？"答案十分清楚，不是"A对"，便是"B对"。这是AB式思维。

换成一位中国人："甲对还是乙对？"他大概不会说"甲对"，也不说“乙对”，通常会这样回答：“很难讲。”中国人顾虑比较多，说“乙对”，万一问话的人是甲的亲戚，怎么办？说“甲对”，如果问话的人和乙同一派系，岂不糟糕？何况中国人的事情，往往比较复杂，而且容易起变化，真的是“很难讲”。这是甲乙式思维。

问日本人呢？他会先把自己的意见和前辈商量，然后才把答案说出来。这是大和式思维。

这三种图形，实际上可以解释许多事情。例如在美国社会，当A对B错的时候，我们只能够骂B，没有理由责骂A，因为A没有错，我们不应该骂他。这种处理方式，显得是非分明，一点也不含糊。

但是在中国社会，当甲对乙错的时候，我们好像不能只骂乙而不责骂甲，因为那样会引起乙的不平。

中国人很讲道理，所以乙做错的时候，我们骂他，他实在没有话讲，只有静听，心想：“谁叫我做错事？挨挨骂也是应该的。”可是，当我们骂完时，他就觉得很不对劲儿，因为这时候，他的眼睛会看着甲，心里想：“我有错，我承认。难道他一点错都没有吗？”而中国人的答案，不太可能是“有”或“没有”，通常都是“多少有一些”。乙心想：“我错得多，骂我是应该的；他错得少，居然连一句也没有被骂，可见偏心，故意找我的麻烦。”因而非常不服。

我们的做法，不是“先骂错的，再骂对的”，便是“先责骂没有错的，再指责错的”，总之，“对的错的都要骂”，才符合中国人的习惯。

日本人呢？那可简单，因为他们只有团体的奖惩，没有个人的奖惩；有错，团体所有成员一起承担责任：这时候那个做错的人，就会更加惭愧，更加抱歉，会花更多时间和更大力气去做好工作。

过去，这三种不同的思维方式，各自在不同的区域内发展，彼此不了解，也彼此不兼容。

现代交通发达，信息传播迅速，这三种思维方式互相交流，已经在同一区域并存，因而造成了内部的不协调。

这三种思维方式各有利弊，无所谓好坏。而偏偏人类的毛病是“自以为是”。很多人一方面自己认为具有辨别是非的能力，一开口就说什么“是非必须分明。含含糊糊，不是不负责任，便是能力很差”；另一方面则认为自己的选择是正确的，认为中国人简直是一盘散沙。

实际上，人不是神明，怎么可能样样明辨是非呢？何况自己所看到的，很可能是“盲人摸象”，只看到“中国人像一盘散沙”的一面，却看不到中国人面对外敌的时候，也非常团结。

我们的情况，正好符合《周易·乾卦》所说的“上不在天，下不在田，中不在人”。上不在天，表示忘记了中国人的信仰，对老天爷失去恭敬之心。下不在田，表示不了解自己的思维逻辑，以为甲乙式必然不如AB式或大和式，因而和自己的同胞疏远了，甚至和自己也过不去了。

在这种情况下，我们必须追根究底，把这三种思考方式做一番探究，研究它们到底从哪里产生，如何发展，而且各有什么优点和缺失，以期能够冷静地进一步思考整合、化解之道，来减少内部纷争，重新获得和谐，在安宁中求进步。

本书上篇以我们只有一个地球，为什么会产生这些不同的思维方式作为探讨的起点，指出西方人从西方观察地球，获得“二构成一”的观点，产生“分大于合”的理念；而中国人从东方审视地球，看出“一内涵二”，而且“合大于分”。这两种思维方式，都可能产生变形，成为“一统全局”，主张“有合无分”。

然后，我们分析这三种思维方式的特性、优点和缺失，使大家明白原来各有所长，也各有所短，并不是一般人所指称的“AB式较为现代化”，或者“日本人比中国人出色”。

我们衷心希望，经过这样的说明，大家可以冷静地考察现实，反省内部纷争是因为思考方式不一样，还是由于自以为是，坚持不让步造成的。

下篇，我们进一步探讨甲乙式思考法，以求深入了解中国人。唯有真正明白中国人擅长的甲乙式思考法，才能兼容并蓄，有效地整合三种不同的思考方式，使它们并行不悖。

因此，我们列举出中国人的基本性格、基本信条、基本立场、矛盾心态、心灵状态、衡量标准、判断标准、基本态度、复合标准和必要修养，以便归纳出中国人的共同问题，寻找出现代中国人应有的素养。如果能够在多元化的趋势中，建立我们自己的共识，必定可以减少内部的纷争，得以步调和谐，提升管理效益。

上　篇

我们现在看到的报道，听见的信息，很多是耸人听闻的乱象。种种以前不可能发生的情况，竟然接二连三地出现。这究竟是什么原因？实在值得我们深入探究。

相信很多人看到这里，就会给自己一些答案，诸如“见仁见智，并没有一定的原因”“这么多乱象，不可能有共同的答案”“解决问题比较要紧，追究原因有什么用？”，甚至于拿“过渡期必经的过程”来自我安慰。我们的一些盲点，常常就是这种自以为是造成的。

嘴上说“打破砂锅问到底”，好像很容易。举手之劳砂锅就打破了，可是追问到底似乎相当困难，往往问到某种程度，就问不下去。这种浅尝辄止的态度，当然不可能入木三分，自然也问不出根本原因。

根本原因应该十分简明。因为宇宙万象看起来十分复杂，而其本体却相当单纯。起因于电子、原子的变化，也就是以“太极生两仪，两仪生四象，四象生八卦”的简单过程，产生出非常复杂的现象。

尽管本体的问题，迄今仍然无法解决。唯心、唯物固然属于极端的说法，而心物合一也难以整合一切学说。但是，至少使大家对于根本问题有了思考的方向，具有相当程度的指导意义。

自有人类以来就有各种各样的纷争，这是上天赋予人类高度自主性的必然结果。各人有各自的自由意志，形成各自不同的观点，当然很容易引起纷争。我们不可能一方面要求自主性，另一方面却要求大家的看法一致，因为这是非常不容易做到的事情。

实际上，人类一直朝着这一目标不懈努力。远在洪荒时代，就用“力量”来统合众人的意见。力量使人类和一般动物无法区分，因为动物也是以力取胜。于是，人类开始运用智力，创造“神权”“君权”，以至于“民权”，其目的无非都是建立共识，聚集众人的力量，以求安内攘外。

部落与部落争战，国家与国家战争，都是这种努力的具体表现。

最紧张、最剧烈的时期，还出现过两大意识形态的对垒。可是，曾几何时，信息借着计算机科技的传播，几乎无孔不入。各种不同的思维方式，混杂一堂，美其名曰多元化，实际上是混杂化。形形色色的言论，各式各样的主张，反正谁也不知道谁对谁错，而且也无法判断孰是孰非，甚至有人鼓吹不可以明断是非。

对的开讲，不对的喊得声音更大；懂得的人缄口不语，不懂的人反而废话连篇；你说的我不服气，我说的你应该加以尊重……这种情况导致组织内部的成员各吹各的调，形成不断的纷争；有理说不清，完全没有共识，大家貌合神离；有组织却缺乏组织力，难以产生同心协力的效果。

组织成员必须建立共识，这是管理上的重大课题之一。今天各式各样的组织，内部纷争不断，弄得老板不像老板，干部不像干部，员工也不像员工。大家面对这样的乱象，采取鸵鸟的心态，过一天算一天，认为这是不可抗御的潮流，实在是让人十分无奈，长久以来受到顺应潮流的“陶冶”，已经丧失了中流砥柱的精神。

我们不要忘记，潮流并不是大众造成的。最初只有少数先知先觉的人在塑造新潮，然后一大堆人跟进，这才形成潮流。风气由少数人造成，大多数人认同，从表面上看好像是许多人在鼓动风潮，实际上却是少数人在主导。

我们不仅要找到这少数的人，还要动脑筋，勤思虑，追根究底，寻找内乱不断的真正原因，并根据所找到的原因，做出合理的调整。从事管理的人，应该有办法在组织内建立共识，而不是避而不谈，或者存而不论。

归纳起来，组织成员的思维方式，不外乎常见的三种：“一内涵二”“二构成一”，以及“一统全局”。这三种思维方式，在组织内交相错杂，彼此互不了解，更谈不上谅解，因而各以为是，固执己见，使共识更加不容易建立。

其实，这三种思维方式各有优劣，也各有利弊。只要真正了解其中的奥秘，把三种思维的来龙去脉弄清楚，就很容易彼此包容，互信互谅地建立共识。同时，对于减少内部纷争，增进协同一致，有很大的助益。管理者为什么不稍微花一些时间，把三种思维分辨明白，寻找出协调的方法，化解纷争，加强共识呢？

我们从“只有一个地球”着手，发现东西方思维方式的根本差异，进而分析“二构成一”和“一内涵二”的特性与优缺点，同时从这两种思维方式的变化中，归纳出共同的变形：“一统全局”，当然也有其特性与优劣。组织内这三种思维方式并存，愈来愈难以避免，若是彼此都缺乏认识，当然纷争不断；如果大家平心静气，弄清楚纷争的根源，纷争必定可以大为减少。

但愿在多元化的趋势下，仍然能维持和谐共处的良好气氛，大家在快乐中努力把事情做好，人生才会幸福！

第一章
东西文化的根本差异

把世界划分成东方和西方，是近代西方人轻视东方的一种“创举”。中国人喜欢说四海一家，因为东方和西方不容易也不必加以划分。勉强分辨东西文化的差异，完全是出于研究、分析、比较的便利。划分的目的，不在分高低，不在比好坏，既然天下一家，就应该知己知彼，互相了解。文化是生态环境与生活经验互相影响的结果，各有各的花样。

我们只有一个地球

我们只有一个地球，这句话有许多种不同的解释。

注重环境保护的人士认为，我们只有一个地球，把它毁坏了，就没有了。而且我们共同拥有一个地球，彼此密切相关，任何人的破坏举动，都会使其他的人遭殃。以前一家人祸福与共，现在则是全世界的人祸福同当。

重视文化交流的人士指出，信息发达，交通便利，我们只有一个地球，应该同心协力建造共同生活的“地球村”，和平共存，彼此尊重，过上和谐、幸福的日子。

研究地球科学的人觉得，人类已经在这一个地球上生存了三万五千年之久，我们只有一个地球，却始终弄不清楚它的真面目，因此希望大家一起用心，来了解地球，爱护地球。

本书的着眼点则是，摆在我们面前的只有一个地球，为什么同样是居住在这一个地球上的人，却有这么多有分歧的观点？几乎任何事情，都是“公说公有理，婆说婆有理”，永远说不清。

近年来流行抗争，好像无事不可争，而又无事不必争。我们只有一个地球，为什么会每一个角落都纷争不断？人类爱好和平，却纷争不断，必然有缘故，一定有理由，因此要从根本上探讨纷乱的根源。

西方人从西方观察

我们只有一个地球，大家都是地球上的居民。为什么长久以来，彼此打来打去？不论是为了土地、财富，还是为了宗教、意识形态，说起来，就是意见不同才大打出手。

意见为什么不同呢？法国哲学家兼数学家笛卡尔（R. Descartes）在他所著《方法论》中明确地指出：

“人们的意见之所以会有不同，并不是因为各人的理想有好有坏，或者想象力有优有劣，而是因为对于宇宙万物的观察法及观察的处所各不相同。”

这一段话告诉我们，只要立场不同，很可能意见就不一致。东方人和西方人各站在地球的一端，立场不一样，所以对于事物的看法便不相同。

东西方的划分实在十分困难。既然无法划出一条明确的界线，就只好用一种比较模糊的概念，把非东方的称为西方。站在中国人的立场，西方在右手边，而东方在左手边，因为中国人喜欢坐北向南，常说天南地北，所以如此。而西方人却和我们相反。

西方人发现，一切生物原本都发端于一个基本细胞。基本细胞分裂为二,二分裂为四，四分裂为八，这样持续分裂下去，由简而繁，才构成宇宙万物。

“一分为二，二分为四，四分为八……”是西方人观察地球所得的结论。

东方人从东方审视

亚里士多德（Aristotle）是柏拉图（Plato）的学生，也是他的修正者和完善者。亚氏丢掉幻想，一切都靠实实在在的观察。西方人运用科学方法来观察事实，可以说是受到了亚氏的影响。

东方以中国为代表，这会不会引起印度和日本的不满？我们姑且不去管它。站在中国人的立场，这时候“舍我其谁”，应该是相当合理的。

中国人从东方审视地球，用的不完全是观察法。我们喜欢在观察之外加上深切的体会。就方法论而言，体会法是不被西方学术界认可的，一般西方人也弄不清楚什么叫作体会法，但是中国人却时常用它，而且对它十分亲切。体会的前提，是认为自然界和自己的生命为一体，别人和自己也可以相通；将心比心，比较容易体会外界或他人的感知。体会不是完全靠思索，要有活动才可能体会。每隔一段时间，换一种角度，若是结果依然如此，便可以证明自己的体会相当正确。

老子所关心的是：怎样消解纷争，以获得安宁。他审视地球，终于体会出宇宙的生成法则，是“一生二，二生三，三生万物”（《道德经》，四十二章）。“一生二，二生三，三生万物”，好像是东方人审视地球获得的代表性答案。

一样事实，两种看法

我们只有一个地球。面对这一事实，东西方却出现两种不同的看法：

西方的看法是“一分为二，二分为四，四分为八……”；

东方的观点则是“一生二，二生三，三生万物”。

初看起来，东西方的结论并无不同，甚至可以说完全一致。有人说：“人同此心，心同此理。”大家的看法相同，因为世间只有一种真正的道理。

细想起来，东西方的答案并不相同，甚至可以说完全相反。有人说：“人心不同，各如其面。”彼此看法不同，因为“公说公有理，婆说婆有理”。

古希腊哲学家普罗塔哥拉（Protagoras）有一句名言：“人是万物的尺度，人认为是就为是，人认为非的便是非。”问题是这句话所指的“人”究竟是谁？如果是普遍性的，指整个人类，就相当客观；若是个人性的，指个体的人，那就十分主观。

“一分为二”和“一生二”，表面上看起来，都是“一变成二”，真正探究“一怎么能变二”，那就各有各的道理了。

东西方都极力追究“一何以生二”，因为它是“一分为二”或“一生二”的根本问题，非设法解答不可。

意识形态显有差异

马绍伯先生穷毕生之力，探究“一何以能生二”，因为这个问题获得解决，其他“二何以能生四”“四何以能生八”或者“二何以生三”“三何以生万物”，也都迎刃而解，用不着费心了。

他在自己所著书中明确指出：

“一何以能生二，主要由于一是由二构成的。中国的太极图像，即充分表明此点。”

但是，他又说：“中国古人由一去看二，总是看见二，虽然相克，却也相生，就是我们常说的相辅相成。”这种观点，他认为是“一内涵二”。

“一内涵二”和“二构成一”都是“一何以能生二”的答案，如图 1-1 所示。

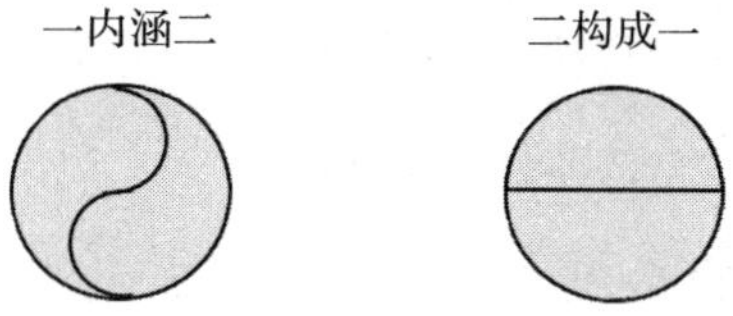

图 1-1　意识形态显然有差异

马先生认为：“二构成一”，“一内涵二”。就“二”看，是两种现象；就“一”看，则是两种现象皆发于同一主体。

西方人比较倾向于“以个体的对立看事物”，站在“二”的立场来看一，所以比较偏向于“二构成一”。因为“二构成一”，当然一可以分裂为二。

东方人比较倾向于“从整体的和谐看事物”，站在“一”的立场来看二，所以比较偏向于“一内涵二”。因为“一内涵二”，自然一可以生二。

我们用“比较”两字，意思是“只有程度上的差异”，而不是“完全如此”。

产生中西不同观点

钱穆先生在《从中国历史来看中国民族性及中国文化》一书中，用“分别性”与“和合性”来说明人性。他说：“人生有他的分别，就有他的和合。所以，分别性与和合性其实只是一个性。先天的自然是男女分别的，后天的人文则是男女和合的。”

然而，“中国人的天性”，“是和合的分数比较多过分别的”；西方人好分，与中国人的好合，充分表现在双方的历史上。钱先生认为，“今天我们东方人可以说很是羡慕西方人，然而离婚的比数东方人总是追不上西方。我们感觉到离婚是一件大事，或许西方人并不感觉这样。否则他们的离婚数字就不会永远超过我们。”

西方人“分大于合”，东方人“合大于分”，如图 1–2 所示。

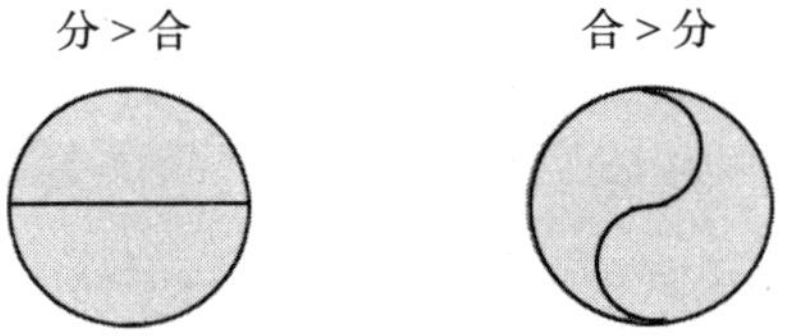

图 1–2　中西观点不同

这种“分大于合”和“合大于分”的差异性，造成双方不同的观点。

达尔文（Charles Darwin）从二看一，认为“物竞天择，适者生存，不适者淘汰”。中国的相关学者则从一看二，认为人类应该以互助为原则，发扬服务的精神，帮助不如自己的人。

西方哲学从二看一，为了“唯心”“唯物”而争论不休。中国的相关学者从一看二，简单概括为：“两者本合为一。”

西方人重分析，做学问分门别类，各有专精。中国人则好像只有一门学问，叫作“人生哲学”。

点睛之笔

我们常常觉得：社会好像愈来愈不安宁，各种纠纷和冲突令人困惑和不安。这种纷乱的现象，真正的根源究竟在哪里？我们最好冷静思考，把它弄个明白。

一般人思考问题，不喜欢追根究底，稍微有一点眉目就停下来了。这样，顶多获得枝枝节节的解答，无法得到根本的答案。我们要做到头脑清楚，观念正确，应该追根究底，找出根本的解答，才能够正本清源，看清问题的本质。

东西方不容易划分，实在也没有必要区分。今天东西方交流频繁，已经形成东方中有西方思想，西方中也有东方思想的局面。做东西方的比较，只是为了寻找源头，找到问题的根源，并非强调东西方应该各自固守本位，而不异中求同。

世界应该维持多元化，才能够长久多彩多姿。我们不愿意看到西方或东方文化变成全世界唯一的文化。东西方文化必须在和合中保持分别，同时在分别中保持和合。各民族一方面要尊重其他民族的文化，不要设法消灭它，或者把它隔绝起来，让它自然消失掉；另一方面也应该维护自己民族的文化，让它能够继旧开新，从原有的基础中发展出新的，以求发扬光大。

第二章

“二构成一”的特性

年轻人接受的较多的是“二构成一”的教育，对于“二构成一”的思想和行为，表现出更大的好感。“二构成一”简直成为现代化的标志，好像除此之外，其他的都已经落伍。我们做东西文化的分析和比较，也不得不先从“二构成一”的特性来解说。

是非十分明确，表达也很清楚

“二构成一”的第一特性是，Yes和No分得十分明确。对就是对，错就是错，一点都不含糊，是非分明，有话直说。如图 2–1 所示。

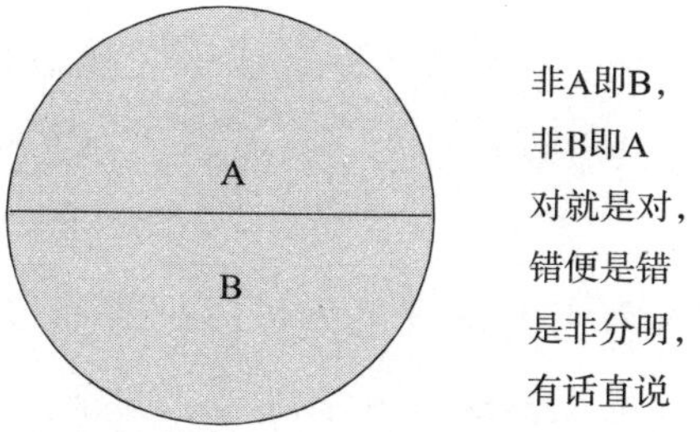

图 2–1　Yes和No分得很清楚

例如，红灯表示行人、车辆一律不得通行。凡闯红灯的，都是违规的行为，必须接受处罚。

任何一件事都应该是非分明，弄得清清楚楚。而且是非应该公开说出来，不必有所顾虑，也不能有所隐瞒。就算有话直说，也不算口无遮拦。

例如，父母可以在电视节目上指责自己儿女的不是，而子女也可以公开表示自己并不同意父母的意见。

从小就让孩子们养成“是非十分明确，表达也很清楚”的习惯。至于是否没大没小，那就不必计较了。

例如，家中兄弟姊妹吵架，做父母的，一定要扮演法官的角色，弄清楚谁对谁错。哥哥对，弟弟向哥哥道歉；姐姐不对，照样要向妹妹赔不是。只讲是非，不谈长幼有序。把是非的判断看得比伦理更重要，所以先分是非，再来谈伦理，甚至可以不谈伦理。

是非不判明决不罢手，一定会紧追不舍，非弄得水落石出、真相大白不可。

彼此公平竞争，接受优胜劣败

“二构成一”的第二特性是，肯定竞争才能进步。而且输赢双方都应该承担，接受优胜劣败的事实。大家都认为这样的结果是公平的。具体如图 2–2 所示。

例如，希望进入著名大学读书，可以把资料准备好，提出申请，和其他申请者竞争。优胜者获得入学许可，而被拒绝的人，只好另行申请其他学校。

只要游戏规则是公开的，经过一些人或多数人制定或同意的，这时候参加游戏的人，就会认定这个游戏规则是公平的。遭到淘汰或名次排在后面的人也不会抱怨。

例如，篮球规则是大家公认的一种游戏规则，就算它对高个子比较有利，矮个子也只好承认它是公平的。一开始跳球时，矮个子再怎

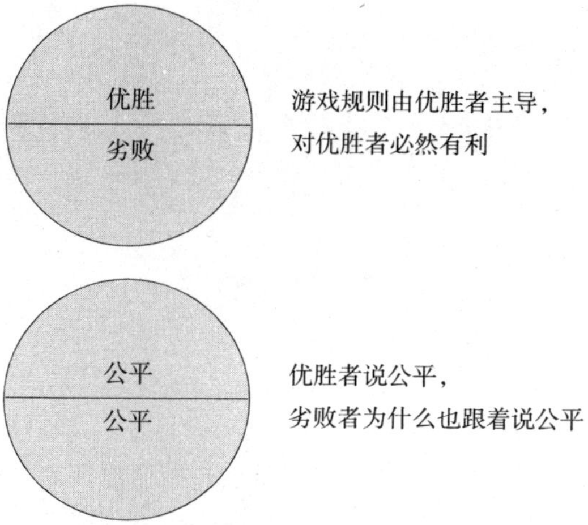

图 2-2 优胜劣败的结果十分公平吗

么跳也没有用，这时候只有苦笑，不能抱怨不公平。

优胜劣败似乎是不可避免的结果。既然参与竞争，就不能同情弱者。

例如，看见乞丐就心生反感，丝毫不表同情。对于自己的先天优势，认为理所当然；对于别人的先天劣势，也不认为这是后天所不能弥补的。

达尔文优胜劣汰的理论，造成是非由强者决定的竞争状态。弱者只能接受强者的决定，无力加以改变。

避免过度膨胀，讲求有力制衡

优胜者决定一切，难免过度自我膨胀，以致为所欲为。“二构成一”的第三特性是，“讲求有力制衡”，如图 2-3 所示。

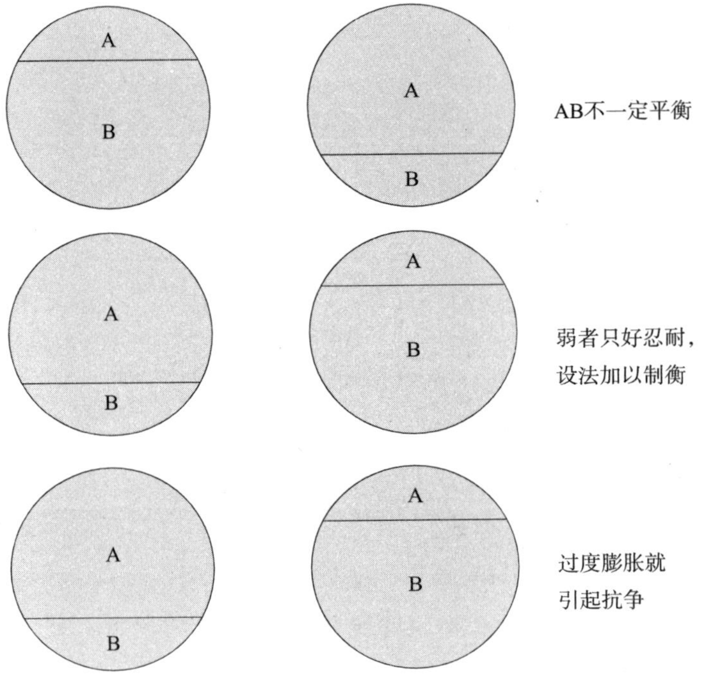

图 2–3　讲求有力制衡

是非的判定，采取优胜劣败的法则，优胜的就代表“是”，赢得判定的权力。而权力容易使人腐化，所以有权力的人，常常滥用权力，造成弄权、越权的不正常现象。

例如，四家电视台的新闻播报人员互相竞争，甲台汪小姐赢得更多的观众，因此获得更大的影响力。于是，她逐渐加入主观意见，甚至公开透露自己受到某些限制，但是她敢为人所不敢为，言人所不敢言。这种表现，其实已经越权，也就是滥用自己所拥有的参考权。

某些团体原来为了公益而组成，逐渐赢得大众的支持之后，发觉可以转移目标，甚至扩大影响层面。愈来愈有利的形势，使其自我膨胀到无所不管。例如，若干利益团体发现自己的人缘很广，关系良好，就会乘机提出一些与自己无关的意见，以从中牟利。

在这种种可能产生的状况下，时时讲求有力制衡，变得十分重要。

例如，工会的成立，便是防止资方凭着优势对工人采取不利措施，才把工人集结起来，以求制衡。

注重个人权益，尽力加以维护

由于AB两部分必须随时在竞争中保持平衡，所以“二构成一”的第四特性是，各人对自己的权利和利益十分注意，尽力加以维护。

例如，大家的事，应该由大家共同决定；个人的事，就应该由自己做主。打扮中性，女性看电影时听到双关语哈哈大笑……这些都属于个人权益，不容他人干涉。

为了保护自己的权益，每一个人都要尽量表现自己的能力，显示自己的贡献。

例如，有人找他打乒乓球，他立刻表明自己已经打了八年之久，而且最近常常练习，一定不会让大家失望。

个人主义色彩在“二构成一”的社会中，不但受到鼓励，而且普遍受到重视。

例如，大家同车出游，在车上互不沟通，更谈不上一起做游戏。抵达目的地以后，各自散开活动；到了规定时间，再集合上车，踏上归途。彼此只是同车而行，却仍然各自活动，互不干扰。

若是个人权益受到损害，就会挺身而出，据理力争，绝对不妥协和让步。

例如，坐在火车或飞机上，如果有人靠在自己座位的椅背上面，就会马上提出警告，请他离开。

善于表现的人，容易获得成功

“二构成一”的第五特性是，善于表现的人比较容易获得成功。

比如，从小就对孩子施以Show & Tell（展示和讲述）的教育，不但要孩子到处作秀，而且还要到处告诉别人自己会秀些什么。

喜欢表现的人，如果所表现的行为合乎大众的口味，就会成为众人喜爱的英雄，从而受到崇拜。

例如，喜欢唱歌、跳舞的人，一旦出名，拥有很多崇拜者，就会到处举办演唱会，以吸引更多人。

在工作中，利用会议凸显自己，出奇招以吸引上级的注意。结果，说得多做得少的人，反而比较容易升迁。

一切遵照规定，大家依法而行

由于重视个人权益，又喜欢个人表现，因此在“二构成一”的群体生活中，必须把权利与义务规定得十分清楚，并且要求大家确实遵行，不可违法、犯法。

例如，进行任何活动都要先查看游戏规则。就算打麻将也不例外，必须先花费一些时间，把最新的麻将规则看清楚，然后才能开始，大家都应该遵守新的规则。

依法而行是大家的共识，只要法律明文规定，大家便不得有异议，必须按照规定实施。

例如，对于乘坐汽车应不应该系紧安全带的问题，人们见仁见智，争论不休。然而，一旦立法通过，大家就不再议论纷纷。汽车开动前，不但自己要系好安全带，还要查看同车的人是否都确实做到了。

对“恶法胜于无法”的肯定是先决条件，只要是“法”，哪怕不合理，在法律未修改以前，大家就不可违犯。

例如，明明知道大多数人对若干大事根本不可能了解，但是依法必须征得多数同意才能通过时，也会一一征询，并且尊重每一个人的决定，不轻易加以干涉。

法大于理，在法律面前，没有什么道理好讲。因为，一切依法办理，才是人人平等的保障。

例如，警察开罚单时，不许违规的人说理由，违规者不服可以申诉，却不能妨碍警察开罚单。

点睛之笔

澳大利亚两位学者李瑞智（Reg Little）和黎华伦（Reed Warren）在所著《儒学的复兴》一书中，指出1945年后由英语国家创设的组织，无疑是形成国际社会的最有效力量。

要了解西方人的观念，从“二构成一”的特性入手，应该是相当有效的切入点。在英国BBC电视画面上，不难看见英国记者访问日本企业家，日本人说了大半天，英国记者非常不客气地问他：But what's the speaking point？意思是“老兄你到底在说什么？”西方人喜欢有话直说，而东方人却习惯吞吞吐吐，拐弯抹角。

第三章

“二构成一”的优点

“二构成一”有很多优点。它适合于稳定中的世界，有一定的模式可以遵循；看起来条理十分清楚，对于缺乏实际经验的人，显得易学易行；权力与责任划分得很明确，有权就有责，很容易找到责任的归属；有程序、有方法，而且结构严谨，大家只要依法而行，用不着太伤脑筋；相对地简单化、专业化和科学化，初听起来，会觉得这样才叫现代化。

适合于稳定的环境

是非的标准相当固定才有可能是非分明。在稳定的环境中，一切内外条件不变，当然对就是对，错便是错。

在稳定的环境中，先立法后行政是法治的正常程序。公众有哪些需要，必须通过立法，把法律定好，大家才开始依法而行。

如果变量不多，一切都在掌握之中，从立法到公布实施，然后切实执行，应该没有什么困难。

权利义务说得清楚，遇到环境快速变迁，就会使原先所说的有所改变，造成有人吃亏有人占便宜的情况。但是，在稳定的环境中，把权利义务说明白当然很好。

例如，公司持续成长，原先答应员工的升迁和福利就都能够兑现。一旦公司面临困境，原先的承诺根本不可能实现。就算诉诸法律，也得不到预期的补偿。

内外都没有变量，凡事必须依法而行，不要有例外。不随便破例才会比较有公信力。

例如，只要道路规划良好，任何车辆任何时刻都不能够逆向行驶，绝无例外。

有一定的途径可循

凡事先制定游戏规则，大家依规则而行。规则一定，大家行事会有所依循，也就不容易引起争执。

例如，兄弟分吃一块饼，谁都不愿意吃亏，于是父亲定下规则：一个先切，另一个先选。这样，不论哪一个先切都会小心翼翼，切割得很公平，形成双赢的结局。

周末、工作日划分得很清楚，周末一定要休闲，而休闲就要穿着休闲装。

例如，周末大家可以选择外出度假，也可以选择在后院里晒太阳。

整个社会有一定的秩序，而且年年如此，年复一年。大家按部就班，有条不紊。

权利义务相当明确

“二构成一”主张在人治与法治之中选择一种方式，结果是大多数人自然选中法治。

既然要法治，权利义务就应该说明白。尽义务，相对地可以享受权利；要权利，必须相对地善尽一些义务。

要说清楚权利义务，最好的方式就是签订合同，有契约作为基准，大家好办事。

例如，法国的卢梭就曾提出一套理论，希望在不损害个人自由，不损伤人人平等的原则下，组织一个完美的国家政治。他所主张的社会契约，必须全体参与，使个人成为全体中不可分割的一分子。

权利义务的制定，采取少数服从多数的原则，以免争执不休。多数人认定的权利义务，全体人员必须遵照实施。

看起来条理很分明

是非分明，对就是对，错便是错。看起来条理十分清楚，使人觉得社会有公理，人间有是非，因而非常喜欢，如图 3–1 所示。

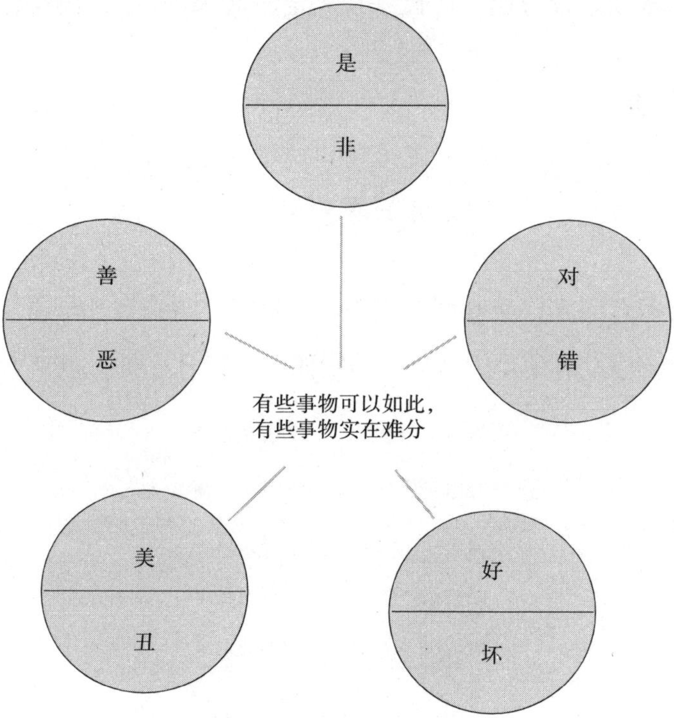

图 3–1　样样都是非分明

例如，居家门口摊贩聚集，为居民增加许多不便。相关部门严加取缔，自然甚感愉快，认为取缔摊贩才是正道。

初生之犊不畏虎，缺乏经验的人，总以为是非很容易判明，关键在于要不要、用不用心。年轻人比较倾向“二构成一”，是因为自认具有浓厚正义感，不喜欢装迷糊。

例如，青年学生对某些国家大事或社会问题，根本搞不懂，也弄不清楚，便喜欢发表高论，好像只要让他来处理，便什么问题也没有，马上可以顺利解决。

有心人利用“二构成一”看起来条理很分明的优点，极力鼓吹“二构成一”的理论，并且利用年轻人要求明辨是非的心态，鼓动风潮，形成个人的势力，以牟取自己的名或利。

游戏规则条理分明，所以一切先定游戏规则，然后遵照实施，听起来很有道理，也十分吸引人。

有利于教育和学习

接受教育的人，通常都希望获得清楚明白的答案，以便死记硬背，在考试中取得好成绩，因此对“二构成一”相当欢迎，如图 3–2 所示。

问题很明确	答案很清楚
程序很分明	过程不含糊
方法很死板	步调能统一
结构很严谨	一切有证据
教育很方便	学着很容易

图 3–2　答案清楚明白

例如，对于考试成绩，大家比较相信计算机计分，而对论述题部分的人工评阅颇有微词，便是因为论述题的答案并不确定。

初次学习的人，如果碰到“这样也可行，那样也行”的答案，都会觉得“这样的答案，叫我们怎么办呢？”。

例如，许多人对孔子“无可无不可”的主张大加批评，认为“说了跟没有说一样，根本不负责任”。

小学生的是非观念，最符合“二构成一”，不是对，便是错，没有什么可以商量的余地。

即便是有些小学教师也常常有“不是对，便是错”的思维习惯，很容易判断是非，而不觉得草率。

教学和学习双方，都以“二构成一”较为方便，所以双方不约而同、不谋而合，共同以“二构成一”为模式。

例如，教学程序、教学方法及教学内容，都规定得清楚明白，比较有利于教学和学习，而且便于有计划地培育人才。系统化教育训练，大多刻板而缺乏弹性。

这些东西输入计算机之后，其变化更是有规则的。我们必须明确地选择，不可能犹豫于两可之间。

相对地简单和专业

“简单化”成为解决问题的新趋势，不需要高深的学识和丰富的经验，便能够把问题解决，当然受人欢迎。

例如，投票似乎成为有些国家解决国家大事最为简单的方式，计算票数，按多数人的意见来解决。

有些事情牵涉高度专业化的技术，于是专业化又成为判断的主要标准。凡合乎专业要求的，就是对的；不合乎专业要求的，便是错的。专业化果然符合简单化的特质，一切交由专家来研判，大家不必多费心。

例如，社会上很多团体的组成，无非在集合专业的力量，保护专业的利益。不加入团体，被视为非专业，往往势单力薄；一旦组成团体，力量自然增大。不论什么团体，几乎都有人争着要成为领导者，便是希望掌握专业化的力量。

“二构成一”好像也比较科学化，特别是我们把科学看成和艺术格格不入的现代，科学已经成为能够一再重复而不变形的代名词，给人一种刻板而固定的印象。

例如，投票不是赞成便是反对，否则只好弃权，这种为了科学化的统计便利而设计的选票相当简单而专业。大多数投票的人，根本没有机会参与投票以外的事务。有些人投票之后，还弄不清楚投的是什么东西，最后的结果和自己的意见相同还是相左，甚至搞不懂为什么开票之后还有那么多的不同解释。

点睛之笔

“二构成一”拥有许多优点，包括适合于稳定的环境、有一定的途径可循、权利义务相当明确、看起来条理分明、方便教育和训练，并且相对简单化、专业化和科学化。

对于某些事物而言，采取“二构成一”的观点，效果必然良好。例如，红绿灯的管制，简单地红灯停止、绿灯通行，大家都觉得很便捷。处理这些事物，力求简单化、专业化、科学化，社会才有秩序，大家才可能更加安全。

然而，有些事物不可能用“二构成一”的观点来处理。例如，有许多事情，对错难分，是非也难以判明，如果贸然二中选一，不但容易招来不良后遗症，而且会引起“劣币驱逐良币”的“不懂的人气死行家”的惨局。

我们再一次肯定“二构成一”的许多优点，特别在环境稳定的时期，内外变量变化不大，一就是一，二便是二，必须采取“二构成一”的观点，以求简单明了。不过，年纪轻、经验不足的时候，最好慎用“二构成一”的方式，因为很多事情相当复杂，不是那么简单就可以解决的。

第四章

“二构成一”的缺失

“二构成一”当然也有很多缺失，不得不一一列举，并且加以说明。一切依照规定，有一定途径可循，久而久之，容易失去应变力和创造力。由于习惯模式，当然抗拒创新，因为一旦有任何改变，都可能损及原有的权益。个人主义盛行，每个人只管自己，缺乏互动、互助，增加了沟通和协调的困难。坚持书面作业，口头约定的不算数，重视纸上作业，形成时间和纸张的浪费。有专业素养的人，最怕市场变动，一旦失去市场，专业人士很不容易调整自己。

缺乏应变力

既然是非的标准相当固定，大家相信对就是对，而错就是错，久而久之，就容易缺乏应变的能力。

例如，看见“此路不通”的标识，就相信此路一定不通，必须改走其他的道路。结果抵达目的地时，才发现有些人原本明明在自己的后面，却因为不相信此路不通，找到变通的方式，比自己早到达。

一切说明白，等于只有一条路可走，把自己捆绑得毫无变通的余地。处顺境固然很有信用，处逆境就十分可悲。因为动弹不得，根本无法权宜应变。

例如，答应出版社写书，若是明文规定交稿日期，并且逾期罚款，谁敢签署这样的合同？除非迫不得已。

规定总有例外，如果一切都要遵守规定，如何因应例外及两可事宜？难道能够避免例外吗？

例如，道路规划有问题，汽车想驶入停车场，向右行驶不知要绕到什么时候，一分钟不到的逆向行驶可行吗？

丧失创造力

凡事依循游戏规则，久而久之，容易养成不动脑筋的习惯。若是对此习以为常，不善于深入思考，就会丧失创造力。

例如，有的国家星期天休息是平常事。遇到市场不景气来袭，为什么不能改变一下，让星期天也开店做生意呢？

生活过分规律化，一切程序制式化。创造与不创造的人严密分工，结果大多数人都失去了创造力。

例如，专业分工，使得大家分道扬镳。由于彼此沟通不易，所以尽量采取原有的配合，以免多费口舌。除了研究发展人员以外，其余的人大多固守原来的方式。

不喜欢创新

“二构成一”很容易形成固定的模式，习惯成自然，一直如此。遇到创新，大家反而不习惯，因而抗拒创新，不愿意接受新的方式来改变自己的习惯。

例如，喜欢吃甜甜酸酸的味道，就一直保持下去。每次上餐馆都是吃甜酸肉，乐此不疲，不敢尝试新的菜色，换换花样。

梁漱溟先生形容这种文化为“客观呆定”，虽然相当科学，可以力求客观，但是依据科学原理而行，不易变动，显得十分呆板而缺乏变化。

整个社会客观呆定，气氛必然单调乏味而缺乏生气，于是突发奇想，巧立名目以求突破禁忌。这也不是创新，而是怪异。用奇形怪状来吸引大众，属于标新立异。

不能够互助

习惯于各人独自完成分内的工作，缺乏互助的观念，不关心他人，也不了解同人的工作。

例如，如果问一位美国人，邻座的同人主办哪些事务，答案大多是不清楚，没有什么概念。

既不习惯接受他人的帮忙，也没有帮助别人的习惯。大家各做各的，各管各的，彼此都很独立。

例如，西方人来到东方，对东方人给予的各种帮忙，觉得很不习惯，认为人家怀疑他的能力，才会不断帮助他。

因为各管各的，所以沟通、协调特别困难。大家都喜欢按照自己的方式来处理，往往不容易取得密切的配合。

例如，西方人到餐厅用餐，各人点自己要吃的东西。有时候四个人喜欢吃同样的东西，结果每人面前都摆上一大盘牛排。若是四个人不喜欢吃一样的东西，就会四个人面前，各自拥有一大盘不一样的食物，而不知彼此交换、分享。这在中国人看来很不协调。

不能随便帮助别人，必须经常把“需要什么帮助吗”挂在口中。对方有所要求，才能伸以援手。缺乏体会的能力，也不能够主动帮助别人。

例如，除了一般的礼貌之外，西方人通常要征求对方的同意，才能给予帮忙，否则容易引起误会。

书面才算数

重视游戏规则，把权利和义务清清楚楚地写在纸上；一方面维护自己的权益，另一方面也善尽个人的责任；大家都以书面为凭，增加了许多纸上作业。

人人斤斤计较，个个要把话先讲清楚，然后明确地订立合约。把相关条件都记载在合同上面，各执一份，据以施行。

在日常生活上，遵循口说无凭的习惯，说过的话可以否认，任何事必须经由书面作业来认定，这在一定程度上形成了一种浪费。

有些专业人士会利用专业名词来愚弄一般大众，一方面提高自己的地位及权益，另一方面和利益团体相结合，欺骗一般大众。

例如，契约中文字的部分写得很好，维护顾客的权益，然后加上若干细小的字，严加限制，使得顾客空欢喜一场，无实际的利益。

玩弄文字，巧创名词，形成各种专业保护自己的有效途径，但是，这也会增加一些生活上的负担。

例如，工人必须加入工会，各类专业人士也需要加入各种专业组织，增加会费、活动的支出。经常收到一大堆书面文件，无论贮存、整理、废弃，都要花费金钱。

不容易调整

权利义务说清楚，一切书面化之后，很不容易适应内外环境的变迁而调整，造成绑手绑脚的后果。

例如，合同规定工作进行到某一阶段时，才能支付若干费用。如今厂商一时周转不灵，亟须提前提款应急。碍于合同规定，甲方也无法同意，否则即为图利他人。

有能力的人利用契约进行“弱肉强食”，却能获得法律的保护，形成依法欺侮能力较差者的行为。

法律条文白纸写黑字，公布实施之后，在尚未修订以前，一律必须遵守，不能加以变更。

例如，大家都知道的“恶法”，在没有修订之前，执法人员仍然依法执行，而违反的人照样要受到处罚。

是非分明、规定得很清楚，在环境快速变迁的情况下，非常不容易调整，因此显得不能适应而毛病百出。

例如，创业时期，由于一切都刚刚开始，缺乏严密的典章制度，大家反而尽心尽力，全力配合以求达成目标。日子久了，一切典章制度陆续推出，大家依法办事，逐渐推卸责任而争取权力，而且不动脑筋创新，不喜欢调整自己的步伐，以免多做多错，对自己不利。组织衙门化、行事规律化之后，要加以调整，好像更为困难。

点睛之笔

“二构成一”也有许多缺失。找出缺失的用意，并不是消极地贬低“二构成一”的价值，而是提醒大家，在接受“二构成一”时，必须把它的缺失看清楚，才能够避免或者减轻它的害处。例如，美国的一般民众都过着千篇一律的生活，缺少创新、应变的活力，因此美国政府的移民政策便尽力放宽对高级人才的限制，让外国人把创新和应变带进美国，以弥补原有缺陷，使美国社会得以日益更新。

过度的标新立异，不应该视同创新。像吸毒、嬉皮、高度刺激的活动，不可能成为一般大众的生活方式，只是少数人对长期沉闷的一种反抗。我们不把标新立异的行为当作正常的创新，是希望把创造力发挥到对生活具有正面作用的事情上。

我们没有否定法律、轻视制度的意思，只是指出一切依法，完全依照制度而行，事实上有许多缺失，值得我们好好思考，以免盲目地认为依法就好，被制度欺骗了还不自知。

第五章

“一内涵二”的特性

“一内涵二”是太极的象征，表示太极的作用，太极生两仪，两仪都内涵于同一个太极之中。阴中有阳，阳中也有阴，是非相当模糊，阴阳互为消长，显得一切都变动不居。是非不明确，表达也相当含混而不清楚，因为“一内涵二”，要求在圆满中分出是非。为人处世，必须顾虑别人的处境和面子，不但设身处地，将心比心，而且面子还要给足。“一内涵二”，长久以来被误解、被曲解，以至大家一想起就厌恶，认为既腐败又落伍。最好能抛弃成见和偏见，抱着宽容的心态，重新来分析“一内涵二”的特性，分辨其优点和缺失。

是非并不明确，表达也很含糊

“一内涵二”的第一特性是对和错并不明确，是非之间存有一些灰色地带，不容易辨识清楚。甲对，还是乙对？很难讲。为什么难讲？因为甲很对，但也有一些不对。乙大部分不对，却也有些对的地方。到底谁应该负责呢？不清楚。应不应该追究下去？应该，但是不要马上，等一下，看看演变，好像更有利。

例如，红灯时路上没有车辆，也没有其他行人，加上天下小雨，自己又未带雨伞，跑着闯过去，难道也不行？

天底下绝对的是非，真是少之又少。大多数是是中有非，而非中也有若干是的成分，怎么能够要求每一件事都弄得清清楚楚？若是坚持要这样，有时反而引起情绪反应，徒增困扰。

例如，清官难断家务事，这时候多听少说，劝导大家以和为贵，其他事宜，由他们一家人自理可能更好。

教育子女从小养成“是非并不明确，表达也相当模糊”的习惯。注重大是非，尽量不计较小是非。

例如，家中兄弟姊妹吵架，做父母的，并不判定谁对谁错，把吵架的兄弟或姊妹一齐罚站，理由是“一个巴掌拍不响”。其实是“兄弟姊妹应该和好，不应该为这些微不足道的小是非而伤了和气，影响兄弟姊妹的感情”。先谈伦理，再论是非，才不会因是非而乱了伦理。

是非暂时不能明判，不如假以时日，以待水落石出。不必紧追不舍，马上就要找出结果。

彼此互补互助，能者应该多劳

“一内涵二”的第二特性是肯定人类应该互助，不应该继续保留生物界优胜劣汰与弱肉强食习性。甲比较能干，是由于先天条件良好，后天环境也佳，比别人占便宜。乙比较差劲，实在不应该责怪他，因为换成你在他的位置，恐怕也不过如此。所以甲应该多劳，而且不应该和乙计较谁获得的酬劳多。虽然不比同工同酬，但甲比乙多一些酬劳，也是应该的。当然最好明的一样，大家都有面子，暗地里甲多得一些，也比较公平。

例如，名牌大学毕业生，应该了解由于自己得天独厚的资历，占尽了便宜，不应该骄傲，一味要求高薪、高位，而应该能者多劳，为那些不如自己的人多多服务。

优胜劣汰并不是人类的公平竞争。由于不可避免的竞争，致使人们同情弱者，而不必完全站在胜利者这边。

例如，看见少年驾车狂飙，心生厌恶。后来警察把他拦下来，打算带往警局，人们又开始同情少年，认为年少无知，骂一骂就好了，何必如此小题大做。

人类应该互补互助，不可以弱肉强食，人们对于强者只会害怕，不会衷心崇拜他们。

例如，上司很厉害，表现得十分强势，部属会害怕，表面上唯唯诺诺，生怕得罪他，但是内心则非常不服气，认为他只是得到了机会，并不是真的很能干。

不需明显制衡，不知不觉互动

既然能者多劳，而且在酬劳和生活享受方面，并没有太大的差距，让他神气一些，有一些特权，实在也没有什么。“一内涵二”的第三特性是不讲求明显的制衡，只希望在不知不觉当中，用互动来调节，如图 5–1 所示。

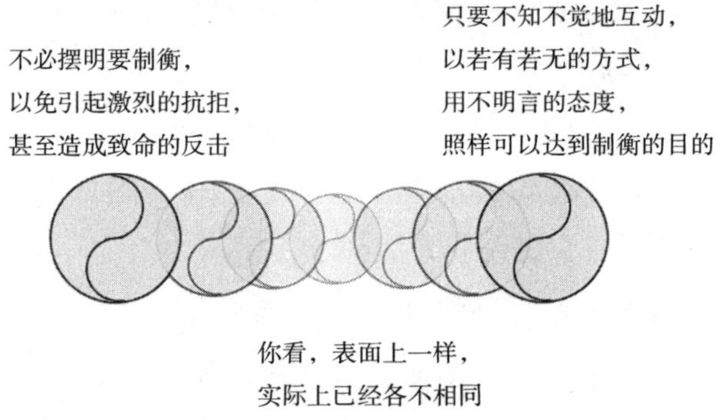

图 5–1 不必明显判断

是非的判定采取取长补短的法则。每个人几乎都有长处有短处，而凡事也都有其前因后果，最好不要把一件事从过去和未来的直线中截取下来，当作单独的事件来评判。尽量以宏观的心态，来审视事件的演变。

例如，新人对团队的历史并不熟悉，往往不知来龙去脉，便评定某人或某事如何如何，甚至论断谁是谁非。其结果常与熟知史实的资深人员大不相同。

别人的错误，说不定以后会发生在自己身上。猛抓他人的缺失，实际上也在逼迫对方反过来抓自己的过错。最好的办法是得理要饶人，退一步海阔天空。

例如，张三指责李四，结果李四抖出张三的一段隐情，弄得张三紧张得很，十分后悔不该如此对待李四。

一切在不知不觉中互动，实在比制衡更加安全。

例如，私底下劝导朋友改过，比公开指责朋友的过错，要有效得多，对劝导的人也更为安全。

注重个人义务，力求善尽责任

义务和权利，实际上是一体两面。说争权利，大家眼红，都看不过去。说尽义务，人人耳顺，都听得进去。“一内涵二”的第四特性便是多说义务和责任，少谈权利，如图 5–2 所示。

例如，把出差看作一种权利，大家都争着要去，去不成的人，就会抱怨、怠工。反过来，把出差看成一种义务，大家都让来让去，才会让给最合理的人。这时去不成的人，没有面子上的问题，很少会有抱怨或怠工。

为了善尽义务和责任，每一个人都要守住本分，先弄清楚自己所司何事，再好好把它完成，即先保守后施展。

例如，人家找他打乒乓球，他首先表示近来很少练习，恐怕打不好，要大家不要寄望太高，以免失望。

个人主义色彩在“一内涵二”的社会中，要“有而不显”，不能过分显露，否则很容易陷于孤立无援的困境。

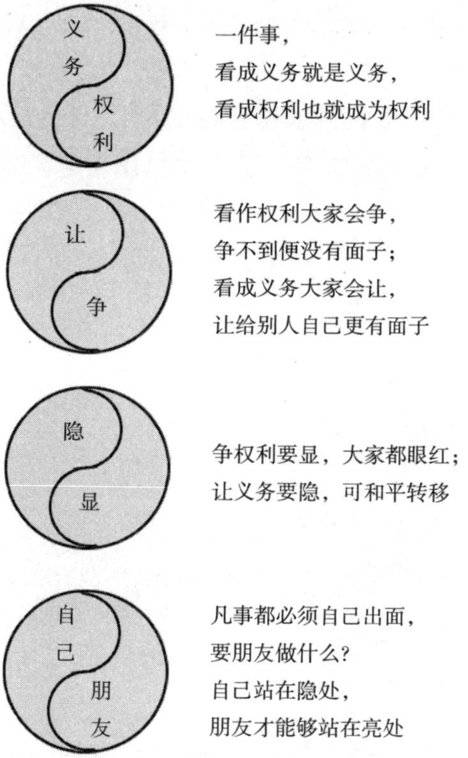

图 5–2 多尽责任，少谈权利

例如，大家同车出游，最好暂时忘记自己的身份地位，尽量和大家沟通，并且参与游戏。要么不参加，既然来了，就要合群，以免引起众人的侧目和非议。

若是个人权益受到损害，自己不便挺身而出。这时候，朋友应该出于道义及时据理力争，以资保护。

例如，坐在火车或飞机上，如果有人靠在自己座位的椅背上面，附近的朋友出面请他改靠在别处，自己则表示没有关系，可以在和谐中维护权益。

善于隐藏实力，必要时才显露

“一内涵二”的第五特性是善于隐藏的人，比较容易获得成功。他们从小就接受适当退让的教育，不但要礼让长上，而且要礼让不如自己的人，以表示风度，如图 5–3 所示。

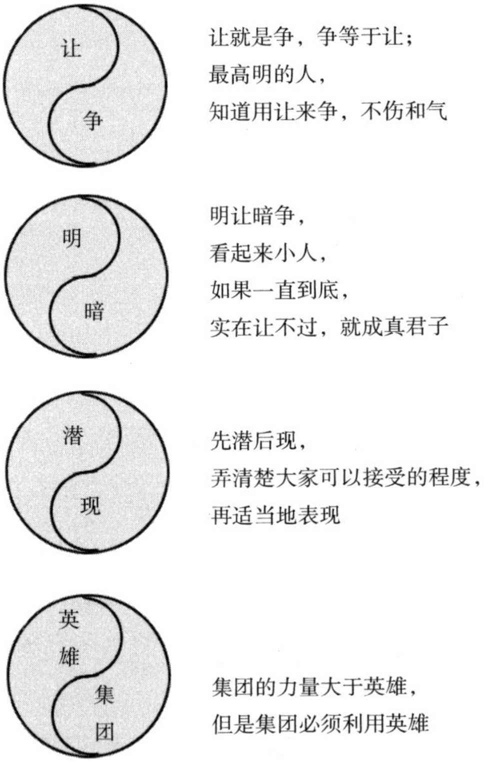

图 5–3　先隐藏实力再适时显露

例如，会议不争先发言，在工作中暗地向上级献策却不公开自己有奇招，做得多说得少的人，比较容易升迁。

跟随老师是一辈子的事情，注重师承，可以把自己的意见加上去，却不能违背老师或者推翻老师的言论。

例如，孔子的学生终身服膺孔子的教导，不敢有所违背。说什么话，都说是孔子说的，添加了自己的意见，造成若干“子未语”。没有人明目张胆地说自己超越孔子，否则就成为“批孔论者”，不能算是孔子的学生。

善于表现的人必须“先潜后现”，表现到大家可以接受的地步，才不会受到排斥和抗拒，甚至于扼杀。

在“一内涵二”的社会，英雄几乎都是悲剧人物。真正能够坐享成功的人，大都不是英雄。

例如，楚汉相争，项羽的英雄性远远超过刘邦，但是最后项羽自刎而死，刘邦却获得胜利而成为皇帝。

因时因地制宜，大家合理配合

由于重视个人义务，必须善尽自己的责任，因此在“一内涵二”的群体生活中，人们必须适应时空变化，把自己的事情处理好，还要自动配合他人，以求整体的提升，如图 5–4 所示。

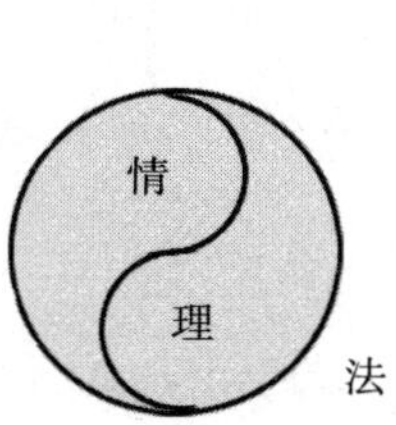

图 5–4　因时因地求配合

法律不外乎人情与义理，而人情与义理又因时空而变化。时空经常变动，情理也随之各有不同。法律不能定得太死板，否则无法回应变动不居的时空，更难以适应不同的人情义理。法律要定得灵活而富有弹性，这时执法的人，就要用心衡情论理，所以仍然具有浓厚的人治气息。

任何行事，先思考时间和空间的变迁，务求因时因地制宜，以求有效；不但考虑自己的处境，而且要关心别人的变化，才能彼此协调，取得密切的配合。

依理而行，成为大家努力的准则。法律是死的，不能适应时空的变化而适时修订，只能提供参考，不必死守。

例如，乘坐汽车要不要系紧安全带，理应尊重各人的自由选择。但是出于公共安全，减少意外伤亡起见，可以法律规定，强制大家遵行。至于未规定地区，仍旧由各人自行依理判断，自己决定，也自行负责。

理大于法，理的层次高于法，是“一内涵二”社会的通则，不合理的法必须修订，否则大家就不愿意接受。

在法律许可的范围内，衡情论理，最后还是依理而行，合理就好。一切依法办理，有很多人不服气。

例如，警察处罚横穿马路的行人，被处罚的人，常常提出许多理由，企图获得警察的谅解而不予处罚。

点睛之笔

太极动而生两仪。由于太极是一，内涵阴与阳两种因素，所以太极会动，而且会产生两仪。宇宙万物之所以变动不居，就是因为万物都是太极，各自内涵阴阳两种相异的因素，互相激荡，而发生变动。这种“一内涵二”的观念，在中国已流行数千年。

“一内涵二”同样要求“是非分明”，只是人不是神，怎么能够判断是非如同神明那样？人既然是人，必须提高警觉，慎断是非。何况任何事情，都有其来龙去脉，千万不能仅就一件事来论断是非，形成片段性的裁决，令人不服。为了慎断是非，不得不推、拖、拉，希望获得更清楚的了解。于是，性急的人就认为是非不明，而推、拖、拉也缺乏诚意，以致吵闹不休。我们可以说，“一内涵二”是“是非难明”。

“一内涵二”的一，其中原本会有两种矛盾体，互相激荡，才能产生变化，有变化才可能进步。“一内涵二”面对矛盾，是化解而不是制衡。彼此制衡的表面化容易形成对抗，各自坚持反而不容易化解。

要了解“一内涵二”的特性，必须“深一层想”，不能像了解“二构成一”那样，用简单化、透明化、表面化，以及科学化的方式，希望一下子就弄清楚。

第六章
“一内涵二”的优点

“一内涵二”的优点很多，可因为难学难行，不容易被察觉。它适合于变动中的世界。讲求因时因地而制宜，在动态中维持均衡。看起来变来变去，没有一定的准则，实际上持经达变，以不变应万变，当然有原则。原则隐藏在里面，外表所看到的，很不固定，对于缺乏实际经验的人，实在很不容易理解。不变的是原则，万变的是因应的现象，看不出变中不变的部分，自然掌握不住原则。相对地复杂化、通才化和艺术化，真正了解之后，才知道原来好处多多。

适合于变动的环境

环境变动，是非的标准必然也有所不同，配合着内外环境的变量来判断是非才能合理，如图 6–1 所示。

例如，当是非难明的时候，最好不要马上判断。稍微缓一下，让大家冷静地了解各种变量，再来裁决。

先立法后行政。在快速变动的环境中，势必因立法赶不上而拖垮行政。公众有某些需要，立法的速度难以配合，最好先以行政命令来解决，才能及时适应。

例如，有法可依，而且在法尚合理的情况下，当然可以依法行政。但是问题已经发生，却查不到法令，或者旧法年久未修，显得十分不合理时，如果坚持依法行政，不是不能解决问题，便是闭着眼睛不管情理，引起不满或抗争。

权利义务说得太明白、太确定，很难适应环境的变化。这时候因时因地而制宜，即使原则不变，所采取的应变方式也会变。

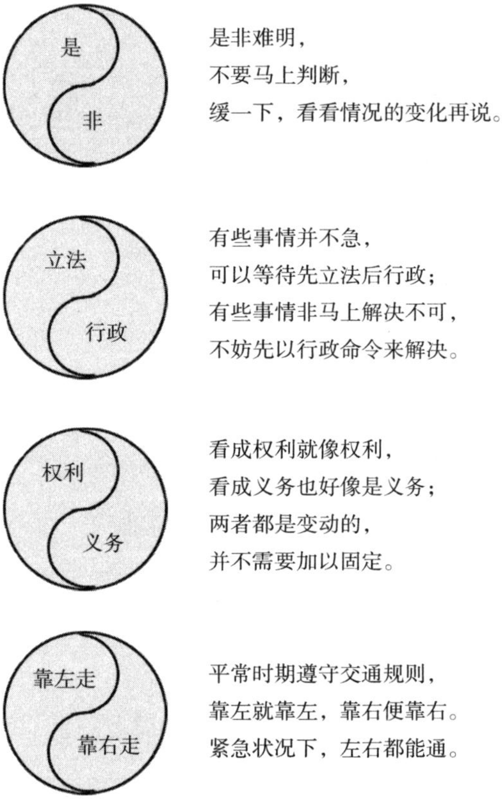

图 6–1　配合变数以判断是非

例如，因为不喜欢坐汽车，所以才约好一起乘坐飞机出游。不料返程时适逢强烈台风来袭，飞机停航，火车也不通，不得不坐汽车，弄得晕眩难受，好像也无可奈何。

内外部变量很多，不能依法而行的时候，唯有依理判断，做适当的调整，以求合理，才能够顺利解决问题。

例如，原本打算在餐厅吃午饭，现在由于交通拥挤，恐怕来不及赶到目的地，因此临时变为购买盒饭，在途中食用。

采取持经达变方式

凡事先确立若干原则，然后视实际情况而变更适应的方式。制定游戏规则，反而增加许多束缚，失去弹性，如图 6–2 所示。

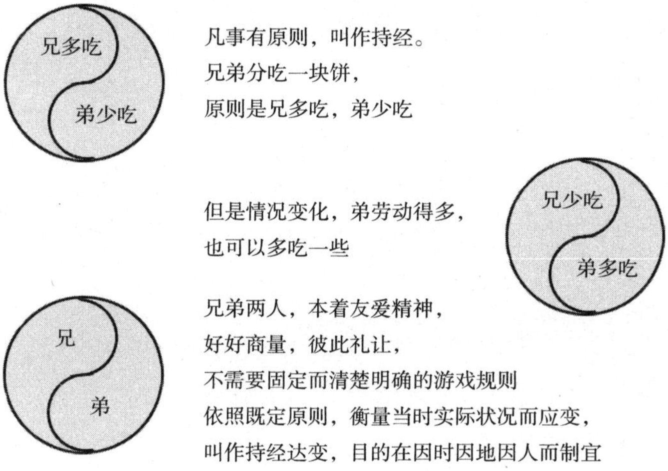

图 6–2 持经达变

例如，兄弟分吃一块饼，原则上是兄多吃一些，弟少吃一点。但是情况变动，有时弟劳动得多，不妨多吃一些。两人好好商量，彼此礼让，哪里需要游戏规则呢？

生意好的时候，星期天照常营业。生意不好做时，星期天休息，看看有没有办法改变。

例如，台风季节菜价高涨，自助餐馆趁机多休息几天，以免不涨价会亏本，而涨价可能吓跑顾客。

周末、工作日划分得并不清楚，周末不一定要休闲，而工作日也不一定全力工作。从容不迫，一切见机行事。

例如，周末大家出去度假，拥挤得很，改在工作日出去度假（当然要请假或调整时间），既轻松又愉快。原则上是保持从容不迫，不慌不忙，不需要弄得疲惫不堪时才匆匆忙忙赶去度假。

整个社会好像杂乱无章，有人这样，也有人那样，实际上乱中有序，大家同样按部就班，有条不紊。

例如，一幢公寓，每一家所装的铁窗不一样，怎样想办法加以统一，都不能持久。每一家的摆设也各有花样，看起来乱七八糟，但是大家的原则在求安全舒适这一点上是一致的，没有人例外。

随时可以调整应变

“一内涵二”主张寓法治于人治，因为徒法不足以自行，必须慎选贤能，才能够实施合理的法治，如图 6–3 所示。

例如，法律条文是死的，人却是活的，过分拘泥于死的条文，忽略了活人的处境，判决下来当然令人不服。法官兼顾人情义理，大家才会信服。

既然要兼顾人情义理，那就每一个人都不相同，每一宗案件也都有相当的独特性，必须随时加以适当的调整。

例如，风灾过后，能否减免房屋税，并不一定。必须受灾户提出申请，经过有关单位现场勘验后，才视实际受害情况，核定减免三分之一、二分之一或全免。

权宜变动，到底妥善与否，并不是多数人所能够了解的。“一内涵二”的社会不主张少数服从多数，反而认为贤大于多数，一个贤明的人，其判断力应该胜过多数不贤明的人。不一定少数服从多数，必须看着办以求合理。

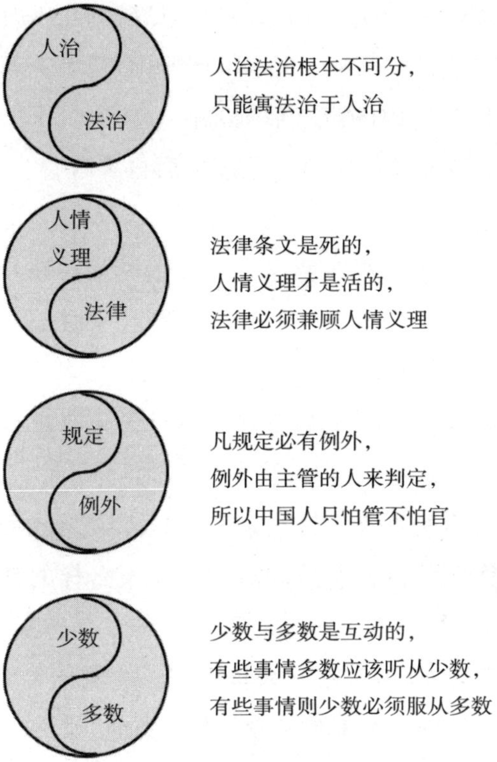

图 6–3 随时合理调整

继旧开新，日新又新

“一内涵二”认为创新不是标新立异，不主张为变而变，为求新奇而创新。创新必须合乎实用，对人生有帮助，所以倡导继旧开新，从旧的发展出新的东西。

新旧之间不容易明显划分，因为新的是从旧的当中开发出来的，老干生新枝，才能生生不息。持续中有变化，变化中有持续，才叫作持经达变，看起来长久不变，实际上经常在改变。中国人一方面很保守，好像永远没有变；另一方面又很赶时髦，似乎一直在改变。

例如，采取渐变的策略，逐渐调整而不突然变革，大家一般不会抗拒，容易在不知不觉中接受新的措施。

凡事先求了解原来的用意，适应之后再求改善，才能够继旧开新，从旧的当中创造出新的。

例如，先让大家了解祭拜祖先的真正用意，顺着原有的习惯，适应一阵子之后，再提出改良的构想，才能合乎继旧开新的精神，不被视为叛逆分子而激烈抗拒。

日有寸进，远比一曝十寒要好。所以天天有进步，胜过进一步停很久。

例如，产品不断改善，针对现有的缺点继续改良，顾客才会觉得公司很用心。许久不改，忽然间冒出完全不一样的新产品，顾客反而不容易接受。

“一内涵二”的社会，看起来很保守，好像长久没有改变，实际上却经常在变，只是变得大家几乎没有什么感觉。

例如，钱穆先生指出中国社会“持续中有变化，变化中有持续”。有些人看到中国社会长久以来都没有改变，认为十分保守，只看出持续的一面，忽略了变化的一面。实际上，中国人一方面一直在变，另一方面却永远没有改变。

可进可退，因时制宜

不要把进退当作两个相反的词，好像进便是进，而退就是退。有时候进会变成退，而退也可能成为进。

进即是退，退也就是进，看你站在什么立场，采取什么观点，因而产生完全不同的感觉。进退应该配合时机，合乎时机采取进的策略，反之，暂时退隐，以求安全。时机是他力，并非自己所能掌控，人只能造势，不能创造时机。有时候“度小月”很有必要，因为时机不好，再拼也没有用。待时趁势，进起来才会合理。

例如，中国人打仗，只有进没有退。有时候由于种种原因必须撤退。这时候不叫作撤退，而称为“转进”。用意在鼓舞士气，目前的退是为了日后的进，所以还是进。

任何一点，都可以看成进，也可以看成退。所有的事情，都是有得有失，有利有弊，没有十全十美的。

例如，生意很好，一方面赚较多的钱，另一方面则身体疲惫。学业进步，很可能健康随之退步。必须设法兼顾，用心调整，才不致顾此失彼，得不偿失。

“一内涵二”的哲学，认为进退应该配合“时”的改变，该进则进，该退则退，才是合理的行为。

例如，时机良好的时候，要趁机扩充营业，而时机不好的时候，应该以等待的心理，秉持“度小月”的精神，暂时以退来待时。

时机是他力，并非人力可以改变。人可以造势，却无法创造时机。可进可退，才能够切合时宜。

在动态中维持均衡

“一内涵二”永远是动态的，因为“世界上一切一切都在变，只有一样东西没有变，而这样不变的东西，就叫作变”。由此可见，在动态中求均衡，是“一内涵二”的优点之一。

由于已定未定的互动关系，使已定可以随时调整为未定，而未定也可以随时变为已定。预约制度不容易推行，增加了行事的机动性和应变性，想到就做，马上便要，只有在制度不健全时才做得到。一切都在变动，看起来乱糟糟，充满了应变的机会，做起事来却能够井井有条，这叫作乱中有序。

在“一内涵二”的社会，事先预约有时反而容易造成损失。因为大家行事，时时都会出现变量。比如约好的人临时改变见面的时间，买好了飞机票航班因故取消，订好的物品不能如期交货，等等。预约制度不容易推行，原因即在变量太多，不容易预先测定。

如果设法变通，诸事仍然能顺利解决。比如不讲求凡事预先约定，大家想到就做，马上便要，结果反而增加很多弹性，对应变颇有助益。

例如，临时购票、订旅馆、找帮手，才能够在动态中求取均衡，不致受到预约制度的种种束缚。

点睛之笔

“一内涵二”的最大优点是时时变动，常常在改变。在这种动态中如何维持均衡，便成为“一内涵二”哲学的最大优势。因时、因地、因人、因事制宜，看起来变来变去，好像没有原则，其实求取合理的结果才是不变的原则。中国人非常坚持原则，却表现得变来变去，便是在动态中维持均衡的最好证明。

“一内涵二”的社会，看起来保守，只接受渐进式的继旧开新，除非情况危急，确有需要，并不主张突然变革。中国社会持续中有变化，变化中有持续，一方面永远不变，另一方面却又经常在变。主要原因是老干生新枝，生生不息。

预约制度不容易推行，反而增加应变的机会。如果一切讲求预约，临时要购票，马上想退房，不但困难，而且常常要蒙受损失，对于应变相当不利。“一内涵二”可以预约，却时常毁约，才能在动态中维持均衡。

未来的世纪是变动快速的时期。当内外环境快速变动的时候，“一内涵二”的应变能力，正好符合时代的要求。有些人怕麻烦，不愿意采纳“一内涵二”的精神，在静态时期还不要紧，一旦处于动态时期，恐怕就十分不利了。

第七章

“一内涵二”的缺失

说起“一内涵二”的缺失，大家随便说说，就是一大箩筐。因为“一内涵二”弹性很大，变化相当快，任何人一不小心，就可能变得离经叛道。一旦离经叛道，缺失马上十分明显，加上不容易学习，更容易走偏了出现缺失，使人觉得缺乏原则，并不公平，而且不好明说，显得复杂又难以判断。在这种情况下，很不容易获得大家的信任。长久以来，大家都认为“一内涵二”缺点多于优点。实际上，“一内涵二”的缺失，都可以设法补救，只要认识正确，拿捏精准，谨慎从事，便利多于弊。

不容易学习

由于是非看起来并不明确，表达也相当模糊，一切显得相当不确定，有答案与没有答案一样，令人就算有心学，也觉得非常困难，很不容易学习，如图 7–1 所示。

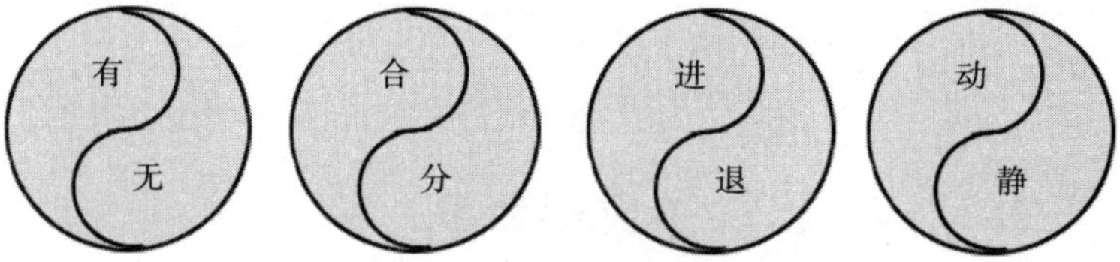

图 7–1 不容易学习

既然一切都不确定，阴中有阳，阳中有阴，而且还会起变化，叫一些缺乏经验的人怎么学得会。我们最害怕的是：一学就说会了，这种人肯定还没有学会。我们也害怕某些人：因为困难也不想学，这种人一辈子也学不会。边学边做边修正，一步一步去实施，急不得也快不了。

例如，很多事都是说起来简单，做起来实在很难。要时、地、人、事、物面面都兼顾，若非学识和经验都相当丰富，恐怕很不容易做得恰到好处。常常应变之后，心生后悔，认为不尽如人意，觉得愈变愈不理想。

特别是现代人希望快速学习，缺乏历练的耐力，因此学习起来，觉得十分困难，一直抱怨为何如此复杂。

例如，朋友向我们开口借钱，我们应该采取什么态度。在“一内涵二”的社会，答案千变万化，似乎永远说不清楚。年轻人听了，就觉得好麻烦，认为如果事事都如此，人生不是太辛苦了吗？

“一内涵二”主张“一而二，二而一”，倡导“合中有分，分中有合”，而且凡事“一分为二，二合为一”之后，才勉强能够得到“此时此地比较合理”的解决方案。对于缺乏经验与耐力的人，当然很不容易学习。

例如，中国人到底是不是宿命论者，相信见仁见智者，各有不同看法。事实上，中国人知命而不认命，才是正确的观念。偏偏有许多中国人，知命之后一直认命，又有什么办法？

不觉得公平

是非不分明，奖惩不确定，好像一切都随兴之所至，任意变动。在这种情况下，怎么能够令人觉得公平而心服呢？一片不公平的抱怨充分证明“一内涵二”的缺失。特别是年轻人，更加有不公平的感觉。具体如图 7–2 所示。

“一内涵二”的可与不可，合与不合，以及平时与紧急，都属于变动性质。主事者在规定之外，又常常有例外的变通。获益者当然十分欢迎，认为如此才合理，受害者非常不以为然，抱怨不公平。例如，参加选举而不幸落选的人，总是抱怨选举不公。这固然与面子问题有关，而在“一内涵二”的社会中，确实有很多措施，很容易被解释为不公平。

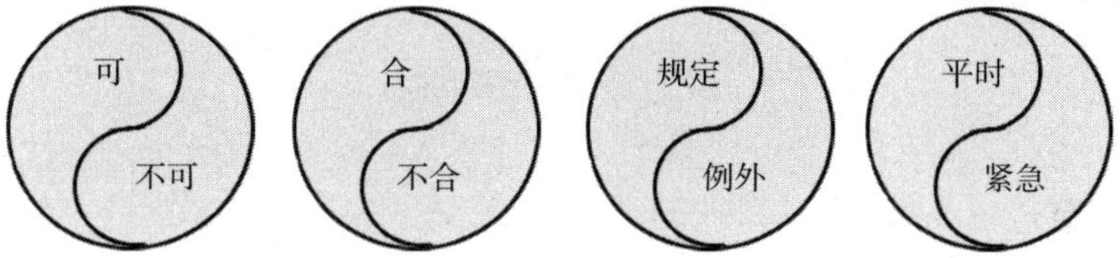

图 7–2 不认为公平

因为“一内涵二”的主旨在于提倡“合理的不公平”，却不赞成“不合理的公平”。现代人的思考力缺乏训练，只知道公平比不公平好，很难了解合理的不公平，其实比不合理的公平更好。一切求表面的公平，就会带来实质的不公平。然而，不能深一层想的人，难免觉得非常不公平。

例如，公司员工一律凭卡进出，看起来十分公平。实际上，有重大任务的人也和大家同样排队刷卡，就是在浪费时间。对某些负有特殊任务的人，给予特别的方便，看似不公平，其实十分合理。

合理与不合理的判断，因人、因事、因时、因地而不同，属于变动的，凡是受到伤害的人，都会认为不合理，产生不公平的感觉。

不容易判断

变动的因素、不确定的情况，当然不容易判断。这时候需要多方面的了解，以及深入的思考，恐怕不是一般人所能够当机立断的。具体如图 7–3 所示。

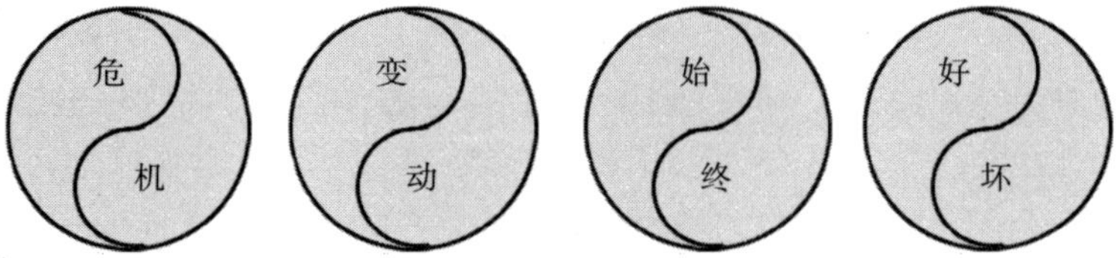

图 7–3 不容易判断

危机，危即是机，危险的地方才更有机会；机也是危，每一个机会都可能有风险。

有变的地方才可能动，变才会动；动的地方必然有改变，动才会生变。

凡事一开始，就提醒我们快将终了；一旦终了，又是一个新的开始。

好的情况可能变坏，而不好的因素也可能变好。

如果一切都变动不居，而且循环往复，怎么能够明确地加以判断呢？

小事情容易判断，大事情不容易辨明，所以大家为小事情而争吵不休，自以为很精通，十分了不起。大事情反而无人过问，因为大家都搞不清楚，只好由少数人主张。

例如，整天为小事而吵吵闹闹，遇到大事反而袖手旁观，任凭少数专家学者各抒己见，大家仍然不知所措。若是专家学者真有学识才能，而对自己缺乏相应的道德约束，大家受害都不知道要向什么人索赔申冤。

现代知识愈分割愈专精，到了支离破碎的地步，通才愈来愈稀少，“一内涵二”的素养也愈来愈差，因此综合判断更加觉得困难。

例如，管理专家当中，精于生产管理、品质管理、财务管理、管理会计、企业政策等的很多，而对于一般管理，反而研究的人不多。

盲人摸象，对于完整的象，最不容易掌握。对于象腿、象鼻子、象肚子等部位，知之甚详，以致对整体判断失之于偏。

不觉得单纯

阳极生阴，阴极也会生阳，这种相生相克、互动互变的情况，当然比阳归阳或阴归阴复杂。年轻人到了美国，最大的感受便是做美国人比较单纯，有什么话就率直说出来，不必像中国人那样顾虑很多，为人处世都十分复杂，令人伤脑筋费精神。

例如，在美国当学生，有问题马上举手发问，老师同学都能够坦然接受，甚至积极参与。不像在国内，有时一提问题，老师就不高兴，而同学也会认为其爱卖弄、好表现，看不顺眼。

“一内涵二”的社会人际关系相当复杂，稍微不小心，就会因为出错而令人不悦。

例如，在美国，人对人都可以直呼其名，显得很亲切。中国人的亲戚关系名堂特别多：伯伯、叔叔、舅舅之外，还有堂叔、大伯、小舅之分，侄儿和外甥又不一样。

由于本身是一个整全的大系统，不容易分割成许多小系统，所以专业化在“一内涵二”的社会中，大多是“只知其一，不知其二”的“一察之明”。

例如，专家学者在其他领域发声，往往使人觉得隔靴搔痒，抓不到实际的要点。社会常常牵一发而动全身，不能就此专业论此专业。有时候外行人更加具有宏观的素养，比内行人的偏窄观点要有效得多。

不能说分明

“一内涵二”变动不居，话还没有说完，已经又有所改变。说的人常常赶不上情况的变动，觉得很倒霉。

任何事情，都有正反、明暗、显隐、是非、善恶两面，说正时别人以反面相指责，说明时他人拿暗的一面相责询。

一个人既无法同一时间内正反、明暗、是非、阴阳等相列并举，那么有意反击的人随时都有机会提出相反的论点。说得愈分明，留下的疑点愈多，别人攻击起来愈容易。于是聪明的人，话只说三分，留下许多“活扣”。

由于不说分明的人往往比较占便宜，说分明而吃亏的人，更加不满，纷纷指责不说分明的不是。在现代一片“一切说分明”的潮流中，不能说分明，经常被指为重大缺失之一，至少被看成缺乏诚意，如图7–4 所示。

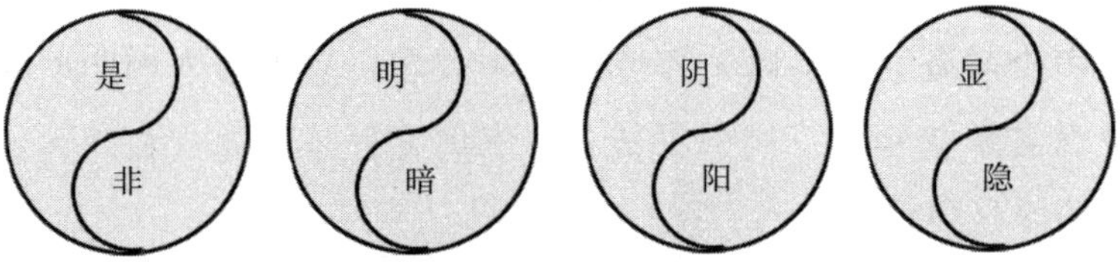

图 7–4　不能说分明

例如，法师问听懂了没有，回答听懂的人受到法师的当头棒喝；回答没有听懂的人也受到当头棒喝；唯有笑而不答的人最占便宜，没有挨打。请问：挨棒喝的人能服气吗？

听到相反意见时，心里想我只说一半，还有一半正好是与这些相反的意见，因此我们的意见并没有不同，却引起人家的怀疑：为什么明明相反，不肯承认，还要说成相同？

例如，许多人痛恨隐瞒，一旦轮到自己时，由于切身利害关系，仍然一副隐瞒作风，这便是“一内涵二”的哲学所引起的反应。

不易生信任

“一内涵二”的说话方式，居于“是中有非，非中有是”的基础，说“好”的时候，含有“不好”的成分；说“非”的时候，也常常含有“是”的成分，给人一种左右摇摆、脚踩两只船的感觉，因此不容易产生信任感。

政策明定为不通，实际上却一直在通。明了“一内涵二”哲理的人，当然明白“说不通便是为了要通”的道理，但是不明了的人，就会指责说的跟做的不一致而心生怀疑。

例如，中国人说“随便，随便”的时候，务必提高警觉，因为中国人都不随便，一随便他就不高兴。嘴巴上说不要不要，却伸手去拿，口口声声不必客气，真的不客气他就十分生气，有些人不明此理，便认为中国人口是心非，虚情假意。说过的话又常常变动，好像说话不算数，令人更加不敢信任。

例如，中国人向人家借钱，都说：“随时需要，随时奉还。”结果真正需要时却说：“抱歉，现在没有钱，有钱一定还。”于是，大家都认为中国人说话不算话，没有信用，最好不要相信，以免吃亏上当。

点睛之笔

中国人说“随时”，翻成英文时，不是“anytime”，而是“the proper time”。你需要钱时，我正好有钱，当然随时奉还。你需要钱时，我正好没有钱，时机不对，抱歉，不能归还。现代中国人弄不清楚“随时”的真正含义，便愤怒地指责中国人没有信用，其实是对“一内涵二”的一种误解，并不是中国人真的不讲信用。

“一内涵二”的种种缺失，说起来都是行为上的变态，不合乎“一内涵二”的合理规范。这些缺点确实存在，不容怀疑。并非“一内涵二”哲学本身出了问题，而是应用人的过犹不及，才弄成这种令人难以接受的情况。

不容易学习是真的，但是只要心存敬意，不要一下子就想把它丢弃，持之以恒，实际并不难学。不觉得公平，只要明白“不合理的公平”远不如“合理的不公平”的道理，很快就会改变过来。不容易判断，需要较长时间的历练，更深一层的思考，自然会愈来愈容易。不觉得单纯，应该认清人生本来就相当复杂，一味追求单纯，是怕负责任的表现。

不能说分明，必须分辨不说分明的动机究竟是什么？不存心欺瞒，便无不可。不易生信任，就要再进一步了解“一内涵二”的用意，自然有办法信任而不吃亏。

第八章

都可能变成“一统全局”

“二构成一”可能出现四种变形，其中有两种相同，称为“一统全局”。“一内涵二”更加灵活，出现五种变形，其中也有两种完全相同，称为“一统全局”。“二构成一”要变成“一内涵二”，非常困难，“一内涵二”变成“二构成一”，却是十分容易。“一统全局”是“一内涵二”和“二构成一”的共同变形，与“一内涵二”“二构成一”合起来成为三种形态。三种形态之中，“一内涵二”最为灵活，可以包含“二构成一”和“一统全局”，等于三合一。在必要时，“一统全局”也可能变成“二构成一”，但是要变成“一内涵二”，实在非常不容易做到。

“二构成一”有四种变形

“二构成一”可以产生四种不同的变形，分别为：

A小于B，A的部分比B小。

A大于B，A的部分比B大。

A主宰B，A的部分涵盖了B。

B主宰A，B的部分涵盖了A。具体如图 8–1 所示。

在这四种变形当中，Ⓐ和Ⓑ可以说是相同的，都是由其中的一部分，涵盖了其他的部分。

我们把Ⓐ和Ⓑ都称为“一统全局”，表示某一种意识形态、某一种强大力量、某一种行为习惯统制了全体的局面。

欧洲的德国，亚洲的日本，在集体主义倾向十分强烈的时候，基本上都属于“一统全局”的思维方式。

一个命令下来，全体成员都遵照着去执行，而且贯彻始终，不打任何折扣。有些老板很喜欢成员绝对服从，希望把自己的团队弄成“一统全局”的团队，实际上他并不了解一旦决策错误，可能产生非常可怕的恶果。聪明的领导者，必须小心这种“一统全局”的盲目顺从

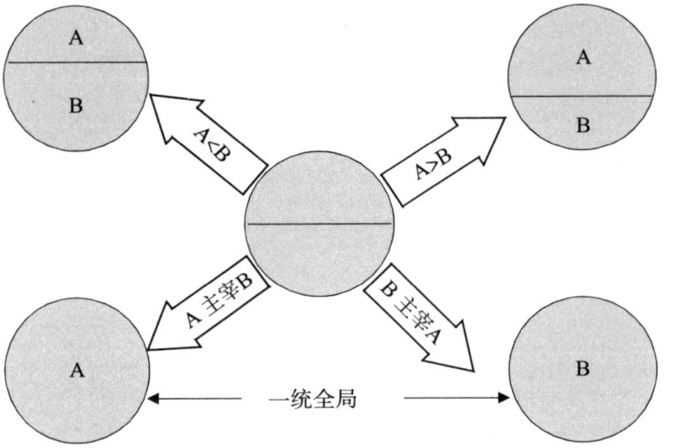

图 8–1 “二构成一”的四种变形

导致的一败涂地的惨局。德国、日本的历史已有明证，难道还不能令我们提高警惕吗?

“一统全局”是“二构成一”的变形，表示“二构成一”在某些特殊情况下，也可以形成“一统全局”的形态。但是，在其他的情况下，和“一统全局”有很多不一样的地方。所以，把“一统全局”看成特殊情形还是一般情形，有很大的不同，必须认真加以分辨。

要变成“一内涵二”很难

“二构成一”要变成“一内涵二”，非常困难。

因为当中那一条直线，要弯曲起来，变成当中的那一条反S线，可能会因为不够长而呈现的样子，如图 8–2 所示。

依中国人说法：

表示一个人的脑筋不够用，转不过来。

脑筋不够用，转不过来，真正的意思是：头脑不够灵活。

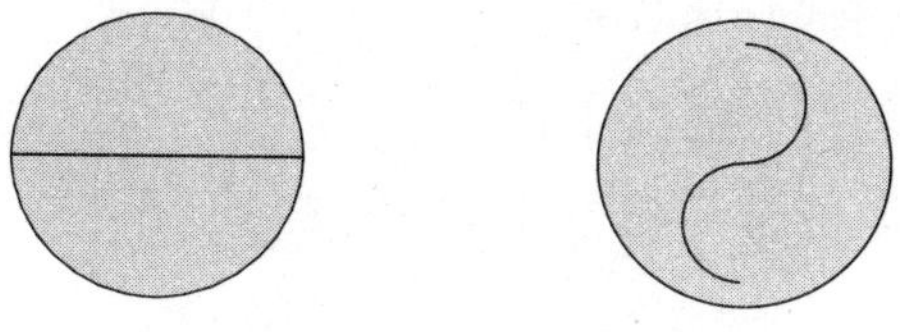

因为“二构成一”的直线长度有限，
不能弯曲成反S线
依中国人观点，
称为“脑筋不够用”
或者说“头脑不够灵活”

图 8-2　“二构成一”变成“一内涵二”

请重新看看“二构成一”和“一内涵二”的特性、优点和缺失，是不是觉得“一内涵二”的弹性远比“二构成一”大呢？

在静态环境中，“二构成一”确实十分方便，一切标准固定，判断容易，当然可以是非分明，表达也很清楚。

“一内涵二”比较适合快速变动的环境，因为它弹性大，容易调整，随时可以因时、因地、因人、因事而制宜。在这种情况下，当然不容易是非分明，也不便表达得很清楚。

自古以来，脑筋转不过来的人，在中国社会就经常挨骂。现代中国人，有一种怪现象，那就是脑筋转不过来的人，大都缺乏旁人的指点，反而没有自知之明，常常责怪别人。这些脑筋不够用的朋友，常常嘲笑那些转得过来的人，简直是今世奇观！

“一内涵二”有五种变形

“一内涵二”也有五种不同的变形，分别是：

A等于B，A的部分和B的部分相等；

A小于B，A的部分比B小；

A大于B，A的部分比B大；

A主宰B，A的部分涵盖了B；

B主宰A，B的部分涵盖了A。如图 8–3 所示。

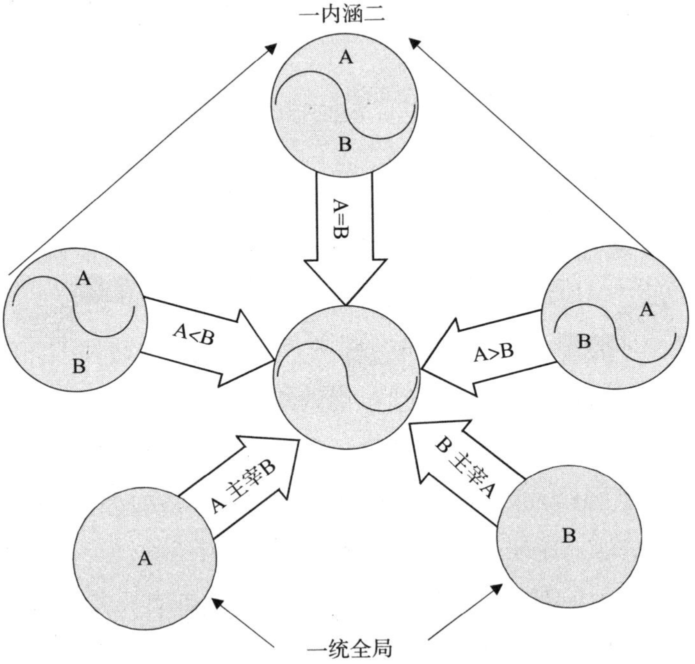

图 8–3 “一内涵二”有五种变形

其中，Ⓐ和Ⓑ看成相同的变形，都是某一部分涵盖了其他部分，成为“一统全局”的态势。

“一内涵二”和“二构成一”的变形当中，有两种变形，完全相同，都是Ⓐ和Ⓑ。

“一内涵二”和“二构成一”，都可能变成“一统全局”。

然而，“一统全局”要变成“二构成一”，就已经相当困难，要想变成“一内涵二”，好像更加不容易。

中国人有时候看起来完全服从，有些老板也要求属下绝对服从，如果形成常态，也就是经常如此，那就注定很快就会衰亡。我们所说的“一统全局”，应该是暂时性的，当一切条件具备的时候，上下沟通无碍，形成一条心，当然可以“一统全局”。

“一统全局”是“一内涵二”的变形，表示“一内涵二”和“二构成一”相同，在某些特殊情况下，也可能形成“一统全局”的形态。但是在其他情况下，“一内涵二”和“一统全局”有很大的不同，不能要求在常态下，也和“一统全局”相同。

很容易变成“二构成一”

“一内涵二”很容易就可以变成“一统全局”，只要把当中的反S线收起来，绕着大圆圈再转一圈，便能够成为，实在十分简单。

如果“一内涵二”要变成“二构成一”，那也毫不困难。只要把当中的反S线，拉直了变成，不难发现那一条直线足足伸出圆圈之外，绰绰有余，如图8-4所示。

为什么称为反S线而不称为S线呢？因为中的那一条曲线必须由下而上，成为反S线的形状，却不是由上而下的S线形状。

S线从上往下画是错误的画法，应该从下面向上画，表示气向上升起的意思。

把S反转过来，由下向上反写，成为反S线才符合气向上升的道理。中国人表面上看起来服从长上，好像长上具有很大的权威，实际上必须从属下的内心发出接受的意愿，这种权威才能够真正落实，所以仍然由下而上。

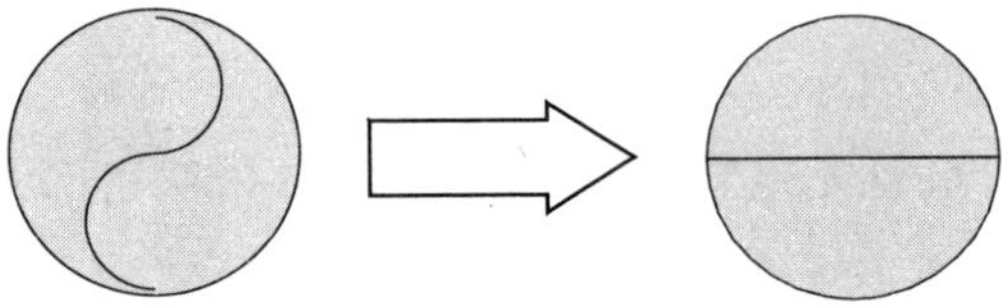

只要把“一内涵二”的反S线拉直，
立即变成“二构成一”，
而且那条直线很长，
绰绰有余

图 8–4　变化很容易

“一内涵二”脑筋比较灵活，称为转得过来，所以很容易变成“二构成一”。真正懂得“一内涵二”的哲理，而且拿捏功夫很好的人，随时可以活用“二构成一”的各种行为。

“一内涵二”用来思考，十分合适。但是用来做决策，就相当困难。我们主张“一内涵二”的时候，基本上不应该排斥“二构成一”。用“一内涵二”来思考，以“二构成一”做决策，可能更为方便而有效。

只有一种共同的变形

“一内涵二”的五种变形，和“二构成一”的四种变形当中，有两种是共同的变形，分别为：

A主宰B，A的部分涵盖了B；

B主宰A，B的部分涵盖了A。

Ⓐ和Ⓑ合起来看，都成为○，也就是“一统全局”，如图 8–5所示。

“一统全局”成为“一内涵二”和“二构成一”的共同变形。

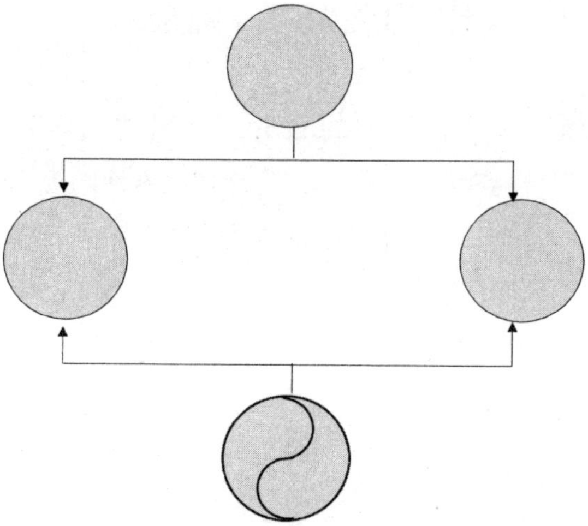

图 8–5　是共同的变形

把“一内涵二”“二构成一”和“一统全局”合并起来，可以发现“一内涵二”包含了“二构成一”和“一统全局”，而“二构成一”也包含了“一统全局”，如图 8–6 所示。

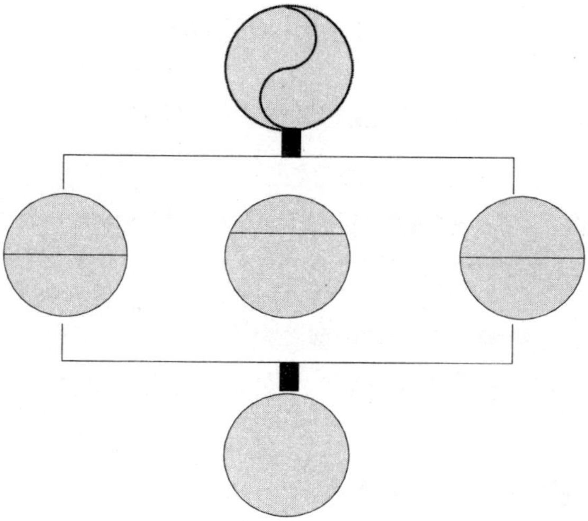

图 8–6　是和的基础

特别称之为“一统全局”

“一统全局”是比较特别的变形，所以独立出来，和“一内涵二”“二构成一”鼎足而立，成为三种具有代表性的意识形态。

同样是“一统全局”，可以分成A主宰B和B主宰A两种情况，如图 8–7 所示。

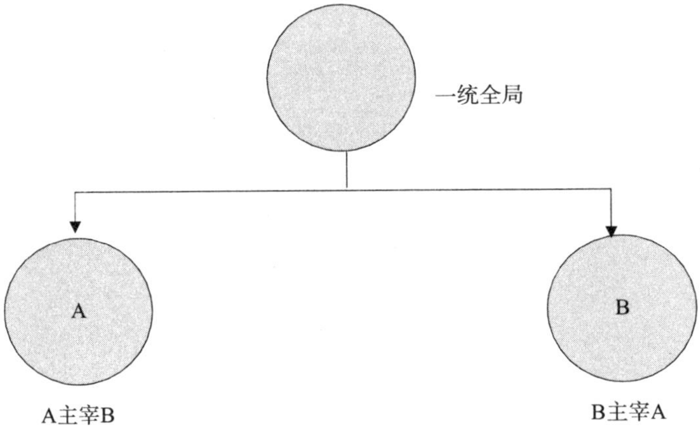

图 8–7　两种不同的“一统全局”

“一统全局”的特性、优点和缺失，本书第九章到第十一章将有比较详细的说明。

大致说起来，这三种意识形态，并不能分出好坏、善恶、是非、高低或对错。我们只能说：

“二构成一”比较适合于稳定的环境，内外变量较少，一切可以依据固定的标准和行为准则来衡量，显得是非分明，相当容易判断对错得失。

“一统全局”比较适合于变动的环境，内外变量较多，一切都要依据变动的标准和行为准则来衡量，是非有不同的判断，而后辈必须遵照前辈的指示而调整。

“一内涵二”比较适合于快速变动的环境，内外变量很多，一切都要因时、因地、因人、因事而制宜，显得是非不分明，而且判断也相当困难。

把“一统全局”特别提出来作为第三种意识形态，是由于特殊的因素造成的，例如日本，因为地狭人多，天灾、地震、火山都有，他们特别钟爱“一统全局”的观点，而且实施得十分彻底。

点睛之笔

我们已经找出三种世界上具有代表性的意识形态，分别为“一内涵二”“二构成一”和“一统全局”。

我们不敢说“一内涵二”代表中国人的思想行为，而中国人确实深受“一内涵二”的影响；同样不能说“二构成一”代表美国，而“一统全局”代表日本，不过美国人的作风近乎“二构成一”，而日本人的行事方式接近“一统全局”，大概是八九不离十，相当接近事实。

有些人误认为中国人的思想行为近于“一统全局”，不妨等到看完下面内容，再重新思考，也许会有不同的看法。日本人一直说和中国人同文同种，其实有很大的差异，必须仔细明辨，才能有所领悟。

“一内涵二”弹性最大，可以变成“二构成一”，也可以变成“一统全局”。中国人有很多看法，有时候和日本人很接近，有时候又和美国人十分类似，就是这个道理。只是中国人必须变来变去，才能行得通。若是坚持“二构成一”或“一统全局”的方式，一直走下去，便行不通了。

第九章

“一统全局”的特性

“一统全局”介于“一内涵二”和“二构成一”之间，适合于变动而不太快速的环境，也就是活动的情境。由于“一统全局”，当然拒绝个人主义的作风，集体主义色彩是“一统全局”的主要特色。绝对服从长辈或上司的命令，不能擅自做主。对外要抗争，一致对外；对内则必须互助团结。以高度的关心和照顾来消除制衡的心理，注重团体的权益和荣誉，讲求个人的牺牲奉献。认定所有的成就都是团体的成果，只有团体的奖惩，没有个人奖惩。参与团体活动时受到良好的保护，相反地，个人单打独斗，会丧失许多权益。

绝对服从上级的命令

“一统全局”的第一特性是，是与否、对与错听由上级或前辈来决定，部属或后辈自己没有决定的权利，如图 9–1 所示。

例如，红灯表示行人、车辆一律不得通行，但是上级或前辈率队闯红灯时，大家会毫不犹豫地跟着闯过去。

上级或前辈的命令永远是对的，他们的是非判断当然不容置疑，大家绝对服从才是正确的态度。

从小就让孩子们养成服从长上的习惯。在学校，也是高年级的学长来管训低年级的学生。

例如，高年级学生可以命令低年级学生做事，甚至包括私事在内；低年级学生如果反抗，高年级学生还可以处罚他；组织内年资较深的，可以指挥年资较浅的，哪怕只差一年半载，都必须给予相当的敬重。

部属或后辈当然可以有意见，但是一经上级或前辈决定之后，便不会再坚持自己的意见，反而接受上级或前辈的决定，作为自己的意见。

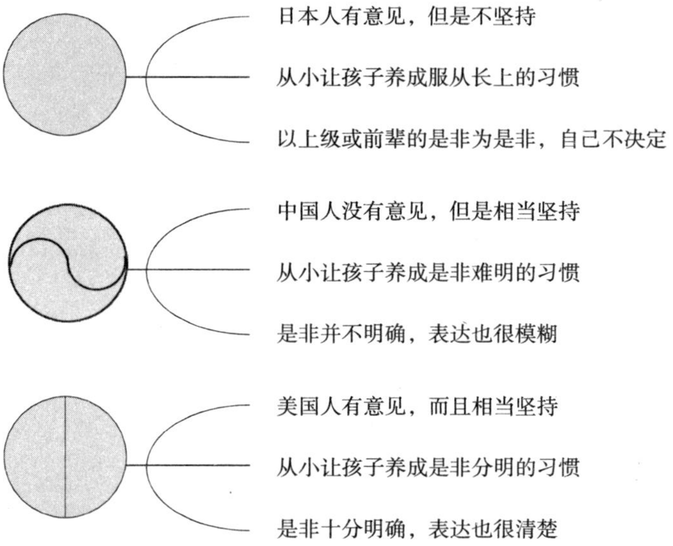

图 9–1　意见和坚持的权利

例如，日本人有意见，不过不会坚持；他们不像美国人有意见，还会加以坚持；也不像中国人，没有意见，却每一个人都相当坚持。

对外抗争而对内互助

“一统全局”的第二特性是，肯定人应该对外抗争而对内互助，以维持内部的高度团结和向心力，如图 9–2 所示。

例如，报考一所大学，不同时报考另外的大学，这样被录取的希望比较大。进入这所大学之后，对内可以有意见、提建议，但是对外不能够批评这所大学。

明白游戏规则是团体根据内外环境的需要而制定的，有其特殊的背景，不可以因为个人的因素而有所违反。

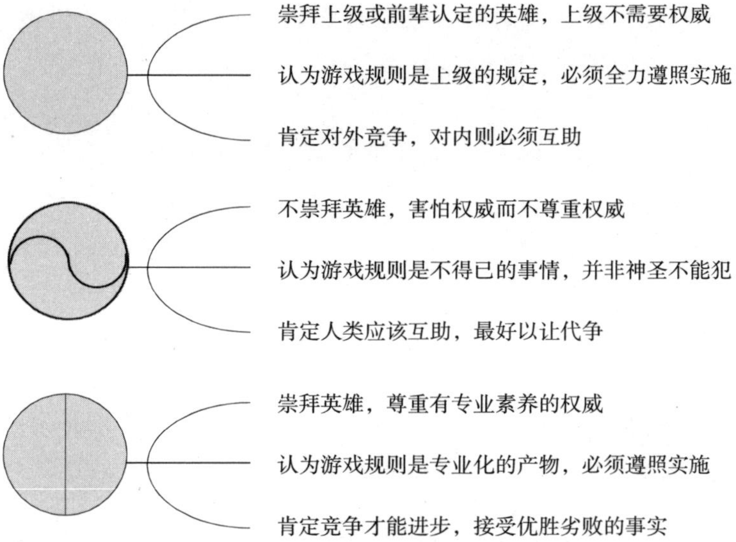

图 9-2　既互助又竞争

例如，规定下午某时以后，如果有人还没有回家，全村的男人都必须提着灯笼，一起去寻找，不可以因为自己有事就不参加，或者迟到早退。

对自己人应该以能者多劳为原则，尽量帮助不如自己的人，也尽量把自己的时间贡献出来，而且不表功，不要求增加酬劳。对上级的反应十分重视，不希望让他失望。

例如，上级稍有不悦，部属立即觉得十分歉疚，一再道歉，并且马上设法改进。

以关怀消弭制衡心理

“一统全局”的第三特性是，以最大的关怀来消弭制衡的心理。上级或前辈既然一切为部属好，还有什么制衡的必要？多尊重他、服从他，他才会更加关怀。具体如图 9–3 所示。

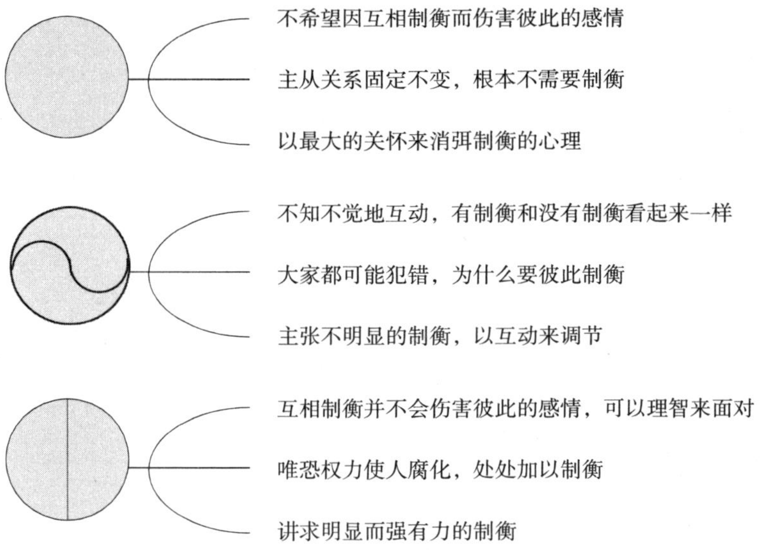

图 9–3　互相制衡

例如，日本实施的终身雇佣制，主要是由于“一仆不事二主”的思想。既然老板全心全力为员工着想，员工哪里还有必要想办法和老板制衡？

是非的判定，采取结果证明的法则。大家都不愿意把判定的责任扛起来，只好委由上级或前辈来承担，大家愿意提供意见让他参考，而不愿意对他加以制衡。

例如，一个声望高的人身兼数职，原因不过是大家相信他，希望他能对结果负责，事情并不真的由他去做，当然不需要加以制衡。

只要忠心耿耿，偶尔有错误是可以原谅的。同一团体的人员，既然对同一领导尽忠，又何必彼此制衡？

例如，成员之间如果有障碍，便会影响工作的进行。日本人以感情的结合为主，不希望因互相制衡而伤害彼此的感情。

不重契约行为，却注重终身奉献，彼此紧密地连成一体，当然不需要制衡。

例如，终身奉献的效忠精神，是属于感情方面的东西，和契约关系并不相同。

注重团体

“一统全局”的第四特性是，并不注重个人的权利与义务，也不需要清楚说明，却注重团体的权益和荣誉，如图 9–4 所示。

例如，不讲求分工理论，如果有必要，别人的工作自己照样可以

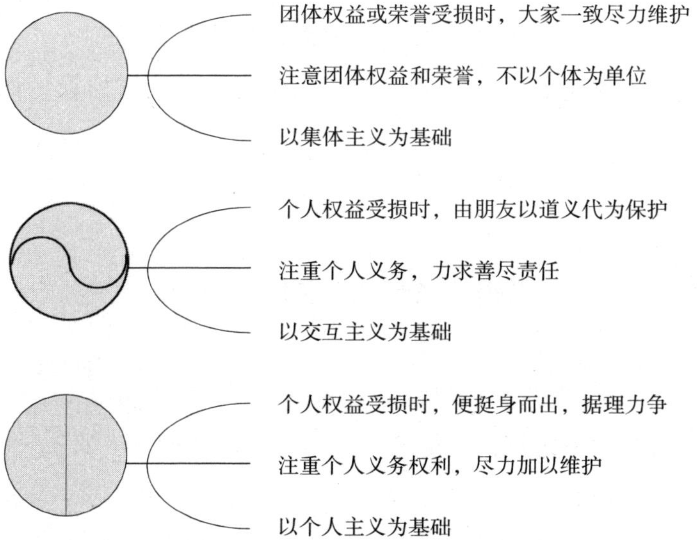

图 9–4 重视团体的权益和荣誉

参与。一些和自己无关的工作，依然乐意承担。只有团体的权益，不讲求个人的分工专职。

容易夸大自己在集团中的作用，认为自己对团体的贡献很大，所担负的责任也很大。

例如，成员的职位只表明他对外交往时的合法地位，对内并不把他局限在规定的责任范围内，反而给他比较自由的空间，可以机动灵活地承担更大的责任。

在“一统全局”的社会中，集团主义色彩产生很大的约束力量，一切以集团为单位，不以个体为单位。

例如，自我介绍时不说“我是编辑”，也不能说“我是数据处理师”，而应该说“我是××公司的”，或者“我属于××计算机公司”。

若是团体权益或荣誉受到损害，大家就会一致对外，设法加以维护。

例如，依照日本惯例，工作必须由集团承包，以集团名义来完成。尽管在实际作业中，集团主管会按照不同的职位分派工作，但是一切成败、毁誉，都算在集团头上，个人的努力并非为了自己，而是为了集团。

不容许个人有突出的表现

“一统全局”的第五特性是，个人的行动不能超越集团的界限，不容许个人有突出的表现，以免危害集团利益，如图 9–5 所示。

例如，日本的团体容许成员拥有更大的自由，可以十分勤勉，也可以相当懒散。做多做少，悉听尊便，但是不许任何人逾越团体的界限，如果有突出的表现，反而会遭到严重的管制和处罚。

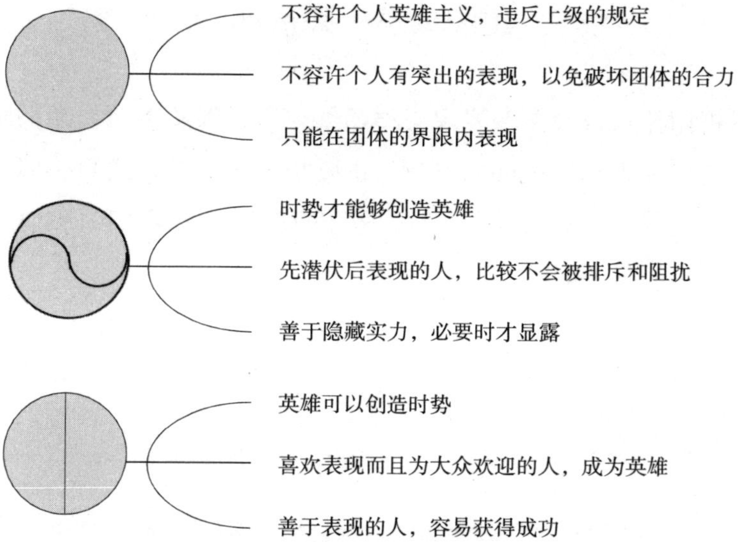

图 9–5 个人不能有突出表现

在集团所规定的范围内竭尽所能的人，比较容易获得大家的赞赏，但是不会提前晋升或加薪。

例如，日本人对贡献多的同人，不会给予经济上的奖励，但会以器重他来提高他的身价，使同人推崇他的能干，赞美他的贡献。

跟随老师学习只是一种形式，不一定会学到什么，但是一旦认他为师，就永远不能背叛他。

例如，一位著名的管理学教授在做重大决定前，经常会跑去请教他那位八十多岁、已经退休多时的老师，大家传为美谈，并无意外的感觉。

只有上级或前辈，不容许有个人英雄主义存在。对上级的决定，不敢公开表示反对，以免自己受到伤害。

例如，对上级或前辈的批评或反对，都会被同人讥笑为爱出风头而受到鄙视。大家开会时，尽量不提意见，自由讨论时才敢表示意见，也只是提一些参考意见。

组织成员一致行动

重视团体权益及荣誉要求必须团结一致，因此在“一统全局”的群体生活中，人与人之间的友谊，主要是在同一单位或同一部门的同事当中，前辈、后辈或同僚，形成坚强的自己人集团，以便互相支持、互为后盾，如图 9–6 所示。

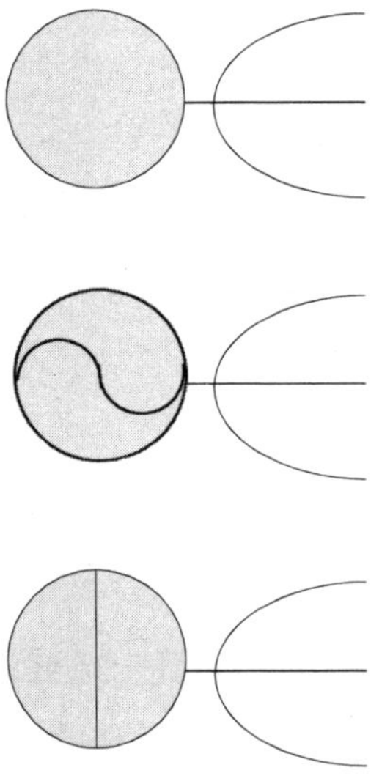

图 9–6　一致性的行动

例如，任何行动都要先和自己人商量。寂寞或烦闷时，向自己的小集团寻求安慰。偶尔出差错，也要找集团中的朋友来帮忙保护或开脱。

依情而行是大家的共识。只要结成集团就始终站在一起，不可以背叛，不能够出卖朋友。

例如，站在朋友这一边，不是因为这位朋友有理，而是因为彼此是朋友，有朋友的感情。明明知道自己的朋友有错误，照样谅解他，同情他，想办法袒护他。

义气重于公理，甚至为了讲义气，还可以不讲公理，理和法有时都要屈从于人情关系。

例如，有些人犯错，甚至于违法，尽管舆论指责十分激烈，但集团仍然保持他们的职位，顶多换一个位置，缓和一下外界的压力，内部仍旧十分支持他们。

点睛之笔

“一统全局”的组织内，成员的年资固定，多少年就是多少年，各人依年资所建立的前辈、后辈关系也是一成不变的。不论情况多么复杂，彼此之间的关系都不会改变，使得大家规规矩矩，遵照既定的规范而行动。

过分重视年资，对能力反而不重视，认为大家都具有同等的能力。如果不是，那么有能力的人就应该多做一些，或者帮助那些能力较差的。同时，也不注重人的品格，因为大家都害怕违反团体制定的规章，更不愿意得罪前辈，以免产生对自己不利的影响。在这种大环境下，个人的人格往往埋没在服从规章和上级、前辈的前提下，被压抑得很难公开表现。

推出最有声望的资深人物当领袖，实力不足时，将实权转移到别人身上。表面上仍旧由他领导，实际的运作，则交由其他的人来完成。年轻的人即使很有才干，也不能居高位，以免违反年资序列的原则。

这些特征，并不是一般人通过学习就能做得到的。除非整个生态环境相当特殊，或者遭遇危急情况，平时想维持“一统全局”的行事方式，实在不容易。因为个人的牺牲太大，甚至连家庭生活都必须配合工作，不是一般人能做到的。

第十章

“一统全局”的优点

“一统全局”适合小变动的环境，在完全不变和快速的变动中，都不容易产生效果。组织成员服从性很高，执行时没有什么阻力，充分沟通后再做决策，过程比较缓慢，却能够一致。由于权责划分并不分明，成员必须全力投入，以求密切合作。团体的约束力十分强大，成员也很自律，不需要监督，自己的工作自己务必做好。任何规定，个人都要严格遵守，经过大家一起商量，才能够加以改变。这些优点，表现在20世纪70年代的日本，创造了日本经济奇迹，震惊了整个世界。

适合小变动的环境

环境小变动时，由于服从性强，比较容易快速调整应变。是非由前辈决定，只要有前辈的裁决，马上就可以变成具体的行动，所以相当富有机动性，如图 10–1 所示。

例如，当是非不明或难以判断时，请前辈依据大家所提供的情报或建议来做决定，大家便遵照实行。

先立法后行政，但是必要时可以以上级的指示为优先，暂时把法令摆在一边，以求适应当前变动的环境。

例如，只要上级或前辈下令，就算法律不许可，也会遵照命令。同时，为了集团利益，也可以将法令置之一旁，完全遵照集团的决定，全力以赴。

在集团内部，责任和义务规定得很严格，不可以随便变动，但是权利和职务却是模糊的，可以随时变更。

例如，某公司的供应厂商既经确定，便不能向其他厂商购买东西，而供应厂商也不再供应其他公司。但是，任何内部事务，都不能推卸不是自己的事，认为“这不关我的事”的想法十分不可思议。

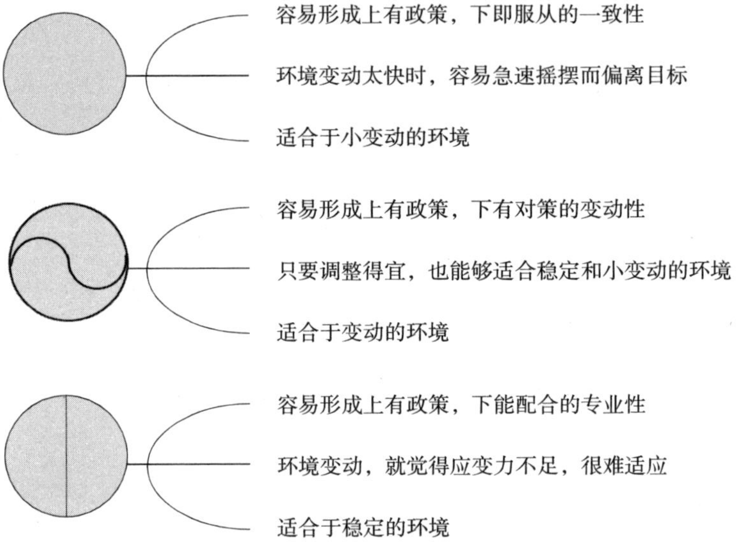

图 10–1　变动不大时很适用

内外部变量很多，不能依法而行时，采取依义气判断的原则，把情感列为优先考虑的因素。

例如，由于讲求“一统全局”必须力求自给自足，不需要依赖外人，才能够排外而独立，因此感情的结合力量最大。只要内部认为合法，不必计较外人看法如何。

执行没有大的阻力

凡事依照上级指示而行，必须改变时也要经过大家商量再做决定，所以执行起来没有什么阻力，如图 10–2 所示。

例如，事情在做决定之前，大家已经用心商议过，充分交换了意见，也都明白重点和真正的用意。这样执行起来，当然没有其他的意见，大家全力以赴。

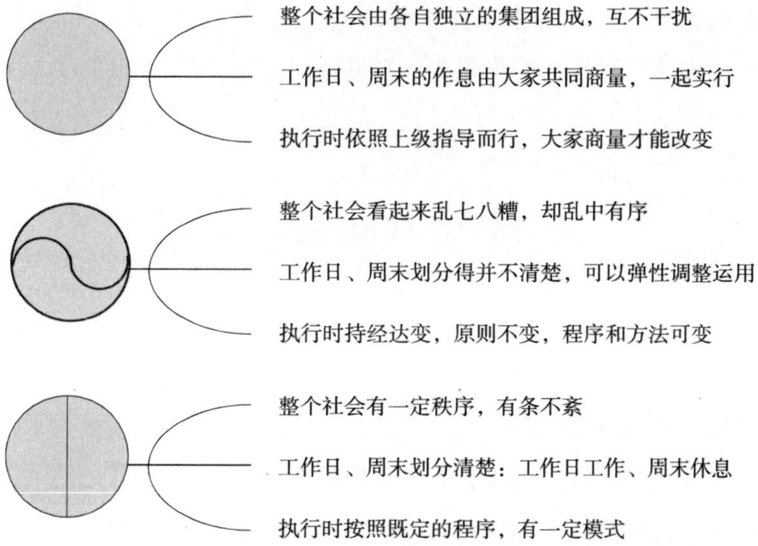

图 10–2 执行时阻力很小

既然建立了必须完成使命的共识，那么上下之间的弱点，就会彼此设法弥补，以求密切配合。

例如，上级如果忘记规定最后完成工作的日期，部属会自动去请示，甚至向上级反映，不需要那么长的时间，如果有必要，可以提前完成。

周末、工作日都一样，大家工作就工作，大家休息便休息，作息时间也是大家一致。

例如，工作没有做完之前，谁也不敢离开。休息时要打球或喝酒，也要和自己的集团同人一起。要加班大家一起加班，要郊游也大家同行，以培养感情，增进团结。

整个社会由各自独立的集团组成，各自进行一套活动，各自执行自己的任务，互不干扰。

例如，日本人全心全力投入工作，不再有多余的时间与精力和集团以外的人打交道，回家只是为了休息。左右邻居如果不是同僚，平素很少来往。除了尽村民责任外，很少分心在执行工作以外的事务上。

充分沟通再做决策

在“一统全局”的组织中，成员之间只要年资差一年，晋级有细微差距，便会形成感情上的隔阂。在这种层级严格划分的情况下，上级的决策，部属就算发现有很大的差错，也不敢明说而要勉强服从。于是，决策之前，充分沟通就成为非常重要的过程，只有这个时候，部属才敢畅所欲言，如图 10–3 所示。

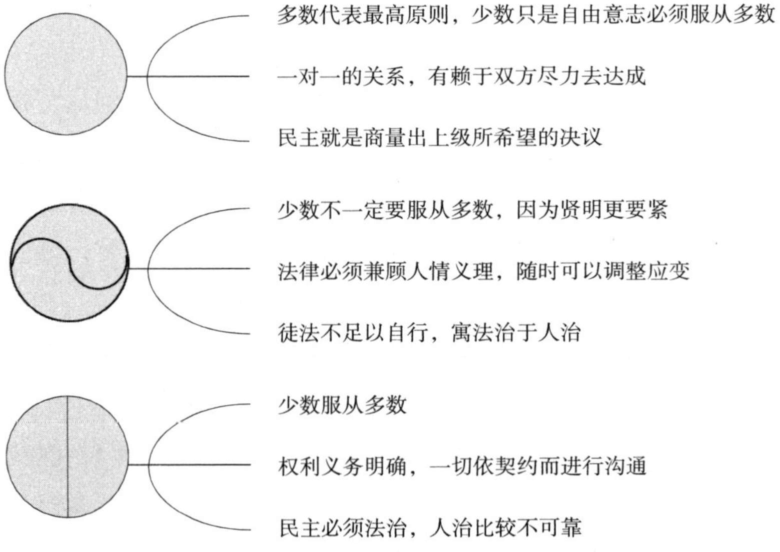

图 10–3　决策前充分沟通

例如，要不要立法，先由大家讨论，如果决定要立，才进一步研究怎样立，立哪些法。若是大家认为不需要立法，上级也会采取大家的建议，暂缓立法或者干脆不立。

契约行为并不适合“一统全局”的要求。因为权利义务一旦规定清楚，就失去了彼此沟通再做决定的弹性，对大家都没有好处，反而捆绑得死死的，动弹不得。

例如，日本学生把他尊为老师的那个人，看成永久的长辈。凡是和这位老师有竞争关系的人，都不能去投靠，否则就被视为背叛。这种一对一的关系，彼此之间的权利义务，并不由契约规定，而由双方尽力去完成。

所谓少数服从多数，便是以上级的意见代表多数，和上级的意见相反的即为少数。少数的自由意志，当然应该配合多数的最高原则。

例如，集会商议时，大家都可以发表自己的意见。开始的时候，大家东拉西扯，目的在试探上级的最高原则到底是什么，然后才衡量利害，力求达成一致的协议。

大家商量才能改变

“一统全局”的血缘关系，为工作场合的前辈、后辈和同僚关系所取代。同一集团的人，彼此的利害关系密切地结合在一起，具有强烈的排他性。具体如图 10–4 所示。

例如，日本人在过节时拜访上司，却很少去探望已婚的兄弟姐妹等亲戚，除了父母、祖父母以外，血缘关系的重要性，远不如工作场合所产生的集团关系。

既然彼此利害攸关，凡事就必须大家商量决定。就算必须改变，也应该在大家商量之后，才能够改变。

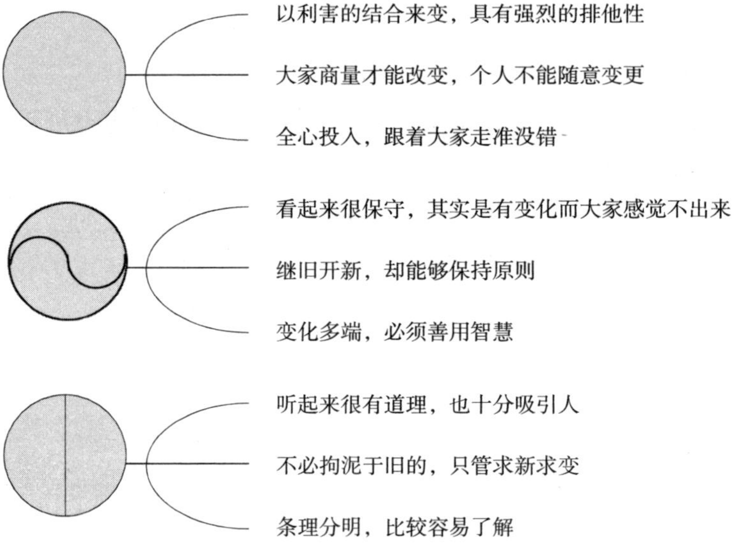

图 10-4　大家商议以后才改变

例如，日本公司开会的时间特别多，总是讨论一些微不足道的事情。决定之后，大家照着去做，但是不久又要开会，讨论同样的问题，因为实行时发现有困难，必须加以改变，所以还要再开一次。

只有在会议上，才能够表达自己的意见，否则一旦自己的意见和上级不同，即是不恭敬，实在相当可怕，因此大家觉得会议很有必要。

例如，日本人开会，主要用意是让全体成员接受上面的意见。如果不经讨论，便一致同意，那么上级的观点马上变成大家一致的看法。若是大家有意见，在会议上说出来，这时候可以各抒己见，畅所欲言，只要在上级做出决定之后表示服从，便不算不恭敬，大家比较放心。凡事大家商量，尽量达到上级的意图，是“一统全局”的有效方式。

团体的约束力甚强

“一统全局”重视集团意识，组织成员不但在思想上要有一致的认识，在感情上要有一家人的情感，在行动上更应该充分合作，以求目标一致，方向一致，步调也一致，如图 10–5 所示。

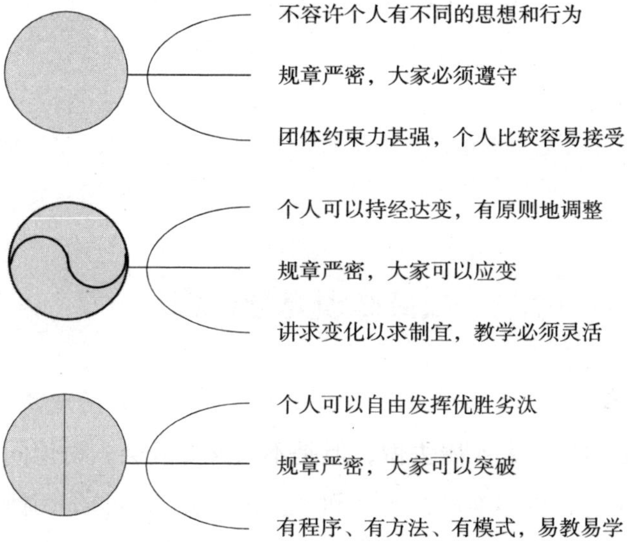

图 10–5　团体约束力很强

例如，日本人常把自己的工作单位称为“我家”。日本人心目中的“家”，并不以血缘关系为主，而是以相互依赖、相互配合为组合基础。因此从外面娶进门的妻子，比从家里嫁出去的姐妹、女儿要亲得多。

不能密切合作就被当作外人。大家看不起外人，因为他不肯全心投入和同人充分合作。

例如，日本人认为“始为亲兄弟，终成陌生人”，亲兄弟的关系比不上同僚，除非十分困难，不敢登门求助。

“一统全局”的组织如果遇见经济困难，老板必须率先减少自己的开支，使其他成员也能够群起仿效。

例如，日本德川时代，在家产方面，领主和仆从之间并没有清楚地划分。领主自己不直接掌管产业，全部由仆从共管。遇到荒年或收入降低时，领主率先减缩开支，而所有仆从也节省费用，共渡难关。

集团是属于大家的，雇员和雇主形成命运共同体，就像夫妻一样牢不可分，因此无须也不可能用契约来约束，只能靠大家密切合作，以收群策群力之效。

例如，日本雇主所雇用的，并不是雇员的上班时间，而是雇员整个人。

成员必须充分合作

“一统全局”对“自己人”和“外人”的划分十分清楚，对自己人的约束力量相当强大，如图 10–6 所示。

对团体活动热心参与的，受到大家的欢迎。不参加团体活动的人，会受到很大的猜疑。

例如，日本员工对公司所举办的郊游，通常都全家参加，趁机和同事建立感情，成为通家之好。

忠于团体的人，所有问题都能够在集团内获得解决，大家为了自身的利益，必须接受团体的制约。

例如，集团制定各种规章，把自己的成员紧密地结合起来，大家接受集团的约束，自然在行动上取得一致。

集团为了成员的忠诚和组织的团结，势必表现出高度的独立性和排他性。对于接受团体约束的成员全面加以照顾，而对违反集团规定的人，往往采取严厉的处罚，以资警示。

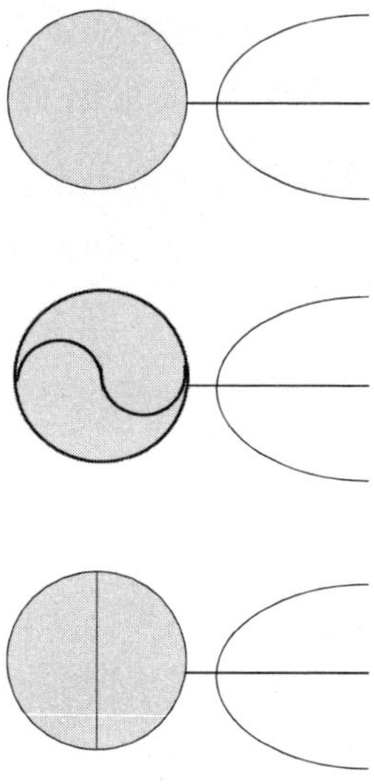

图 10-6 成员充分合作

例如，“一统全局”的领导拥有很大的权力，不容许成员有不同的思想和行为，以免影响集团的和谐。这种约束力，和终身雇佣制度配合起来，构成巨大的力量，使成员不敢稍有违反，不然就会长期受到伤害。

点睛之笔

“一统全局”不一定由上面的人独断，以权威统治。例如，在日本，上级的意志并不强制要部属服从，而是上级通过对部属关心，使部属知恩、感激而自愿向上级建议、劝阻，经过商议之后，上级如何决定，部属都要绝对服从。这种方式和通常所说的专制独裁不同。上级愈是通情达理，豁达大度，部属就愈忠心顺从。

最主要的优点应该是荣辱与共。因为组织不是个人与个人的关系，已经成为“我们”和“他们”之间的关系。成员的私人生活全部纳入组织，成为公共生活的一部分，成员的家庭也和组织发生密切关系。一个集团变成一个大家庭，彼此充分合作，一致对外。

环境变动时，“一统全局”由于执行快速，应变力相当好，所以20世纪70年代造就了日本经济奇迹。同样是“一统全局”，日本战前和战后的情况有相当大的差异。可见集团的气氛仍旧可以由集团来塑造，形成独特的沟通和协调方式。

“一统全局”以“不事二主”为主要原则，配合终身雇佣制度，使一个人一生只能选择一个集团，并且和这个集团同生共死，永远不得改变主意。在这种情况下，慎选所要投入的集团，成为非常重要的课题。

第十一章

“一统全局”的缺失

“一统全局”固然具有很多优点，但是也免不了有一些不可避免的缺失。例如，决策错误时大家也必须服从，错就错到底，结果必然造成很大的损害。个人牺牲太大，几乎没有什么私人生活，甚至家庭生活也要置之不理。团体的压力太大，长期投入加上全身心奉献，必然对团体兴衰及毁誉非常重视，认为它比性命更要紧。集团主义色彩浓厚，损失个人的自主性，一切以团体为主，久而久之，丧失了独立的能力。脱离团体，个人便不知所措，十分慌张，这种种缺失，非一般人所能承担，不容易让人接受。

决策错误时损失很重

由于“一统全局”过分强调绝对服从及一致行动，所以决策错误时，大家仍然全力以赴，使得错误的结果更加明显与扩大，造成无可挽救的结局。

这样看来，太团结，太听话，好像也有很多缺点。

重大的决策错误会导致集团的崩溃。个人既无法逃避，也不能不承受错误的结果，只好继续忍受下去。

例如，公司投资策略错误导致周转不灵，营运十分艰苦。个人既然不能离开公司，眼见公司如此困难，唯有将平日积蓄悉数拿出给公司救急。即使有风险，也只好承担，必须忍耐策略错误所带来的种种苦难。

“一统全局”最大的缺点在于全员集中力量，孤注一掷。

团体所施的压力太强

“一统全局”团体规章定得十分严密，而且要求十分彻底，因此团体对成员的约束力很强，产生的压力相当大。

例如，成员有新的观念，往往不敢提出来，唯恐破坏团体的规章，为大家所排斥，甚至于仇视。

成员“自己人”的观念十分浓厚，以致对不是自己人的“外人”常常很不客气，甚至有蛮横粗暴的行为。

例如，在公共场所为了抢占座位，对生人十分不客气，一点也不礼让；后来发现有熟人在场，不管自己多么疲惫，花多少力气抢占了座位，也要赶快把位置礼让给他。

由于团体的约束，平日很少和外界往来，以致一辈子都只好留在所属的团体内，毫无自由选择的机会。

例如，日本人不是不想跳槽，而是没有机会动这种脑筋。他们不是不想变换工作环境，而是经年累月和“自己人”生活在一起，对外界很少接触，缺乏变换的必要手段。

一个人一旦加入某个集团，就不能够再加入其他集团，因为“事主不专”对“一统全局”而言，是很大的忌讳。

例如，日本人对外人所显现的冷酷与轻蔑，几乎可以说是一种敌意。

为了避免触犯团体的规定，大家小心翼翼，不敢有创意，也不敢谈革新，除非是团体的意思，大家才敢有所行动。

例如，团体下令出国，再困难也要克服，再害怕也要接受命令。

个人的牺牲实在太大

“一统全局”强调集团的权威，认为个人的自由意志必须结合集团的最高原则，不能够有些许的违反。在集团生活中，个人的自由缩小到最低限度。只有团体的存在，没有个人的自主。只有团体的荣誉，没有个人的奖励。一切为团体，个人受到很大的压抑。

例如，工作在一起，休息在一起，甚至娱乐也要和同人在一起，个人没有选择的自由。如果和集团以外的人交往，除非是被派定的任务，否则便有通敌的嫌疑。

公私很难分辨，对于公共生活和私人生活的划分，经常觉得十分困难。

例如，和同事一起喝酒、唱歌、跳舞，到底是私人生活，还是公共生活的一部分，根本分不清楚。有时候觉得一点自由都没有，然而有时候却觉得和大家在一起比较省事，不必花费心思，反正有伴，随着大家行动就行。

这种情况之下，个人逐渐丧失了自己独立行动的能力，显得个人的能力很差，对自己的信心也不足。

个人的思想和观点逐渐接受集团的影响，丧失个人的独特性和自主性。

一切想法都符合集团意志，再也找不到自己独特的观点，凡事不敢自主，只敢追随大家一致行动。

脱离团体时不知所措

由于“一统全局”重视成员对组织的忠诚，以致不能宽恕背叛者的行为，一旦有人因有背叛的行为而被赶出组织，成员就会仇视他，把他当作敌人看待。

组织不喜欢用有经验的人，没有人愿意接纳跳槽的人。

例如，某甲跳槽离开公司，原先的同人对他很不谅解，见面时不是不理睬，便是当面给他难堪，使他觉得自己是组织的背叛者，因而不敢再和这些同人保持联系。

平时和同人同进同出，结伴而行。忽然脱离团体，必须单独行动时，常常十分慌张而不知所措。

例如，日本人单独一个人时，总会显得相当紧张，对于周遭的环境，好像觉得特别陌生，对任何外来的刺激，都可能产生过激的反应。

即使是因公暂时离开组织，也会担心和同人因疏远而隔阂，对自己有不良的影响。

例如，日本干部被派赴国外时，大多有“被放逐”的感觉，好像此去就永远漂流海外，要调回总部会有困难。

如果不寻找机会多多和总部的人联络，恐怕不久之后，就会被同人遗忘。

一旦脱离原来的组织，其他的组织也不敢接纳，因此只好孤零零地过着无所依靠的生活。

例如，离职人员很难重新找到新的工作，只能自己做一些小生意，一切靠自己。

实非一般人所能忍受

“一统全局”十分重视资历，年轻人要想居高位非常困难，必须经受长时间的历练，才能够逐步向上晋升。

例如，美国总统可以像肯尼迪那样年轻，日本首相则通常都由年长的人来担任。当年日本电器公司（NEC）的经理五十岁开始执掌企业，竟成为重大的社会新闻。

就算入错了集团也不能离开，否则会遭受社会的严厉指责，只好勉强自己适应集团，从一而终。

例如，日本年轻人都会在大学毕业之前，到处打听将来的好出路，因为一旦进入某一组织，便要接受终身雇佣的束缚。

组织内成员互相依存。稍有不慎，部属就会趁机暗中侵犯自己的权限，借用自己的名义来营私舞弊，实在防不胜防。必须随时保持高度警觉，以防被拖下水。

例如，年资较浅的部属，由于能力颇强，受到上司的器重，把重要任务都委任给他，于是这位年轻而有能力的部属就会假借上司的名义，为所欲为，甚至弄出营私舞弊的勾当，最后害了自己，也连累了上司。

长时间工作、一天到晚只和少数老面孔在一起，几乎没有个人的自由，更谈不上自主，实在不合乎人性的需求。

例如，日本年轻一代已经逐渐不愿意接受这种安排，跳槽、休闲、独立自主的要求愈来愈盛。

点睛之笔

“一统全局”有很多缺失，所以真正实施“一统全局”的地方并不多，有些地方，只有在特殊时期才加以运用，而且多数为期不久便告终止。其主要原因在于不合人性的需求，实在不是一般人所能忍受。

以厂为家，合理的解释应该是“大家合则留，不合则去”，要么不要成为一家人，既然要成为一家人，就应该彼此谅解，多多包容。但是“一统全局”把“以厂为家”解释为“组织成员是不可分割的命运共同体”，雇主认为他所雇用的人，不单要献出劳动的时间，而且应该奉献出整个人。这种全部、永久的结合，社会的约束力十分强，只有借助社会约束才能够维持，一旦约束力减弱，恐怕就无法继续下去。

“一内涵二”和“二构成一”都可能变成“一统全局”，意思是在紧急或危险的时期，可以短暂地要求大家发挥“一统全局”的精神，以共渡难关。但是，长时期要求成员按照“一统全局”的方式行事，实在隐含着高度的风险性，因为万一重大的决策发生错误，其后果将不堪设想。

看过“一统全局”的缺失之后，再重新看看它的优点，不难发现这些缺点，可以用“一内涵二”来涵盖，至于这些优点，那就更容易在“一内涵二”当中去发扬。

第十二章
纷乱的根源

在交通不发达、信息不流通的时代，“二构成一”“一内涵二”和“一统全局”各有不同的地盘。不同的理念，形成各个地盘独有的特色，彼此竞争，产生区域与区域的对抗或战争。现代交通发达，加上信息传播迅速，各种不同理念都传播到不同的地方，混杂在一起。多元化的社会，什么样的理念都有人提倡，于是不同的声音汇集在同一个地区内，互相激荡。同一区域，出现不同理念的人，各说各话，交集的部分很小，各人为自己的利益而抗争。内部纷争势必愈来愈多，而且愈来愈激烈，如果不能追根究底，找出根源，实在不容易解决。

过去各自拥有不同的理念

古时候，东方和西方相隔很远，互不沟通。那时候东方以“一内涵二”为主要理念，西方则以“二构成一”为主流。日本向中国学习，却由于生态环境的影响，逐渐形成“一统全局”的理念。德国和意大利也在 20 世纪 30 年代先后变形为“一统全局”的状态。

然而，不管怎样不同，同一个区域总是保持相同的理念。就算有少数异端人士持有与众不同的见解，也只是暗中进行有限度的活动，不敢明目张胆地宣扬。

各地区有各地区的思想主流，在某一地区中绝大多数的人，都拥有大致相同的理念，彼此的观念相去不远，所以很容易建立共识，并成为地区内大家共同的信念。如图 12–1 所示。

图 12–1　各地区有不一样的理念

彼此不兼容引起区域战争

由于各个区域具有不同的理念，加上人是习惯动物，除非丧失自信心和自尊心，否则总以为自己所拥有的理念才是正确的，而且比别人所拥有的更高一筹。

这种优越感，使得不同的理念在相遇的时候，产生希望同化他人的欲望。有的采用和平的方式，使人家心甘情愿地学习；有的则使用武力征服的方式，以船坚炮利来强行侵占他人，使人家不敢不向自己学习。

不同的理念，彼此不能兼容，唯有互相竞争，以证明自己的理念胜过他人。竞争的时候，很容易不择手段，因此引起战争，造成人类的浩劫。

19 世纪达尔文提出进化论，倡导优胜劣汰，适者生存，不适者应该遭到淘汰。这种论调，甚至于被曲解成为“强者生存”（Survival of the Strongest），被帝国主义者与主战者拿来作为侵略他人的最佳借口。如图 12–2 所示。

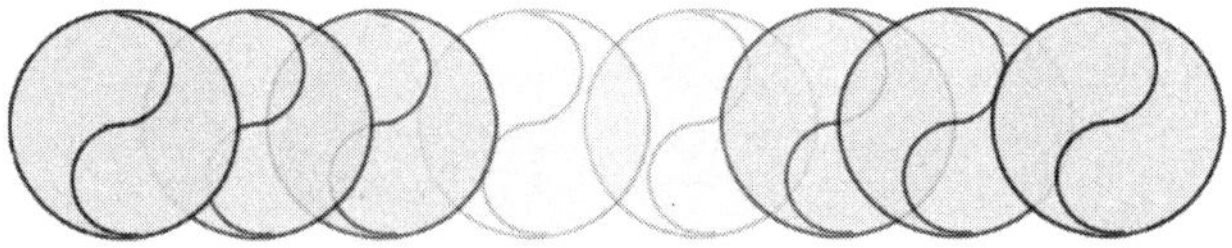

东西方不同的理念，
在相遇时引起很大的冲突，
达尔文优胜劣汰、适者生存的学说，
助长了西方人强者生存的侵略

图 12–2　不同理念引起战争

现代信息发达社会多元化

现代信息发达，传播媒体深入家中，各种信息交互出现，社会多元化成为必然的结果。

东西方交流，使得东方人了解西方人之后，逐渐接受西方的理念，而西方人了解东方人之后，也开始重视东方的理念。这种现象，原来是天下一家、世界大同的前兆，对整体人类而言，未尝不是一件好事。

但是，这些只是形式上的交换，并不能真正整合不同的理念。西方的柏拉图曾经走遍地中海北岸，企图劝阻当时的国君采用奴隶制度和殖民政策。中国的孔子同样周游列国，设法说服诸侯不要追求功名利禄，横行霸道。但是，柏拉图的二元宇宙论和孔子的一以贯之主张不同，这也造成西方文化和中华文化的重大差异。假若柏拉图有机会和孔子见面，交换一下研究的心得，也许世界大同早已完成。

柏拉图的理想国和孔子的大同世界之所以迄今尚未实现，大家都明白不是他们的理想不好，而是大家只想以自己的理念来求取个人的享受，却严重缺乏对理想的追求。无论“一内涵二”或者“二构成一”，实际上都可能实现世界大同，然而第一次世界大战结束后的国际联盟（League of Nations）和第二次世界大战之后的联合国（United Nations）都不能摆脱各国之间的优胜劣败式的竞争，这是多元化思想不能整合以求取长远和平的最大障碍。

社会多元化已经形成社会混杂化，缺乏共识而内部纷争不断，成为现代社会的主要病源，如图 12–3 所示。

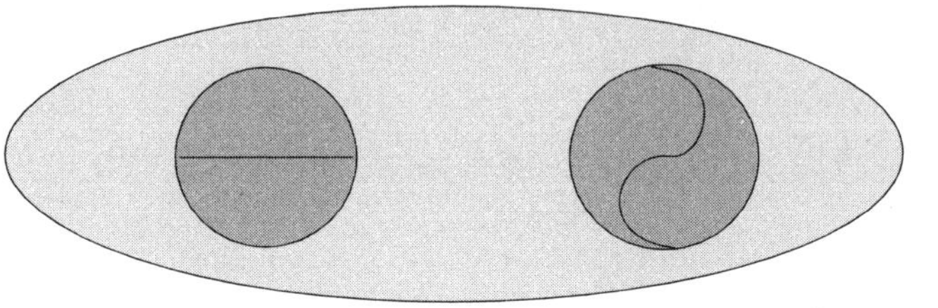

图 12–3　多元化实在是混杂化

不同理念在同一区域争吵

由于交通发达，人们往来频繁，加上传播媒体普遍而深入各个角落，不同的理念出现在同一区域，打破了原先的共识，引起不同程度的争吵和抗争，如图 12–4 所示。

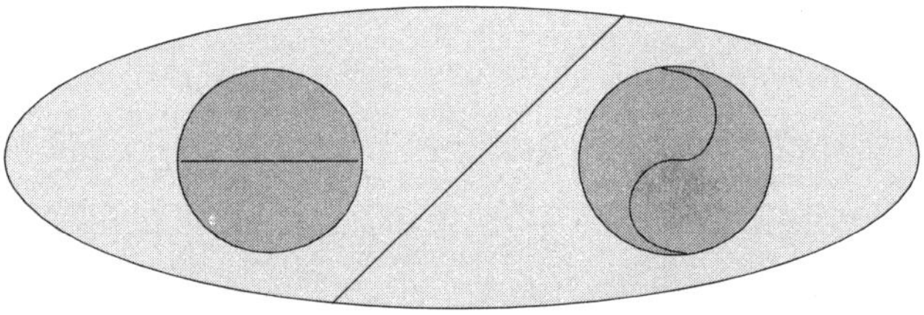

图 12–4　造成内部纷争

不同的理念出现在同一区域时，原本应该彼此包容，以求整合，事实上却各执己见，而又自以为是。这种同一区域不同理念的各自坚持，形成“公说公有理婆说婆有理”的场面。若是互不相让，必然会引起纷争和抗拒。

比如有些人一直不了解“一内涵二”，猛然间看见“二构成一”，便如获至宝，以为天下的道理莫过于此。

有些人一直误解“一内涵二”，因为自己的处境困苦，生活艰难，甚至被捕入狱，饱受煎熬，便一口咬定“一内涵二”不但落伍错误，而且祸害甚大。

有些人明知“一内涵二”有很多优点，但是时势潮流似乎以“二构成一”较为有利，于是不凭良心，满口“二构成一”，以博取功名利禄。

也有些人根本搞不清楚什么叫作“一内涵二”，什么叫作“二构成一”，只知道人云亦云，跟在人家后面，亦步亦趋。因此跟着“二构成一”的人，就大喊“二构成一”，而跟着“一内涵二”的人，也就力主“一内涵二”。

更有些人为了两面讨好，采取脚踩两只船的方式，看见“二构成一”的人，便跟着喊“二构成一”；遇见“一内涵二”的人，又跟着喊“一内涵二”。

任何理论，都有相当的道理。包容性不够的人，往往只见树木，不见森林，抓住一种说法，便认为全部真理俱在其中，因而轻视、排斥其他学说，以致自以为是而容不下别人的见解。

今后区域内纷争必定增多

如今，在大众心目中流行这样一种潮流，即“我喜欢怎么样，就可以怎么样”，而且“大声地说出自己的想法，讲久了，声音够大，就会赢”。

这种情况，对高深的道理不利，因为曲高和寡，听得懂的人并不多。相反的，对浅显的道理十分有利，因为大众化、通俗化、简单化、浅薄化，大家都听得懂，好像就是真理。

懂得愈多，认识得愈深入的人，愈谦虚而愈不敢理直气壮。那些“只知其一，不知其二”、认识不多的人，反而初生之犊不畏虎，自我膨胀得非常可怕。

知道的人不愿意说，不知道的人胡乱说。分析得深入必须多花时间，也需要高深的功力，结果叫好不叫座。那些抓住一点便断章取义、大做文章的人，能够抢先切合焦点，而且无须高深功力，便能够现炒现卖，当然占尽便宜，被视为英雄，被看成才子，虽然不能持久，但至少暂时叫座。

在这种百家争鸣、市场混乱的情况下，吵吵闹闹是必然的现象。所谓信息时代，其实正是“必须慎选信息”与“最好有行家辅导”的非常时期，却被多数人依然迷信道听途说，而又听到就传播，弄得纷乱不堪，抗争不断，成为现代人不可避免的苦难，如图 12–5 所示。

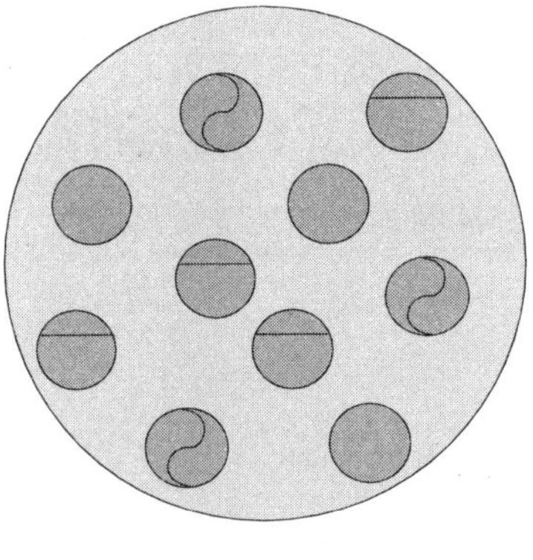

图 12–5　内部纷争必定增多

如何化解继续深入去探究

内部纷争增多，抗争手段愈来愈激烈，既然是今后必然的趋势，难道就没有化解之道？

答案当然是肯定的，只要大家抛弃以往东方和西方不同的观念，不再认为西方人必定“二构成一”，而东方人一定“一内涵二”。把这种地域观念先淡忘掉，进一步认清“二构成一”和“一内涵二”原本具有很多相同的地方，然后用心加以整合，也就是同时认定“一内涵二”和“二构成一”的价值，把它们合理地安排在不同的层次，使自己的脑筋灵活些，同时包容“二构成一”和“一内涵二”，适时、适地、适人、适事地采用两者之一，以及它们的共同变形“一统全局”，如图 12–6 所示。

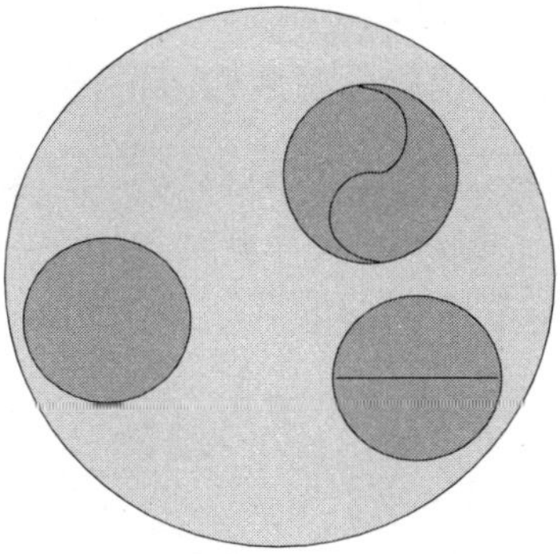

图 12–6 化解之道

真理不是二者之一，却常常存在于二者之中。完全采取“一内涵二”，在现实世界，有时也会增加很多困扰。例如交通规则，红灯停止而绿灯通行，最好不要以“一内涵二”的精神做太多的变通；完全采用“二构成一”，会时常吃亏而痛恨他人，甚至对仁爱失去信心，一切讲求法治，徒然贬低人的尊严与价值。

有关化解之道，下篇将继续深入探讨，归纳成中国人的相关特性，以供参考。

点睛之笔

研究过“一内涵二”“二构成一”“一统全局”之后，最好忘掉“一内涵二”代表东方思想，而“二构成一”代表西方理念。至于“一统全局”，不仅是某些特定区域的念头，更是交通发达、信息传播普遍而深入的结果。各种理念已通过各种通信工具传送到世界各地，而社会多元化也不再把不同的言论视为异端邪说，今后各种论调并存在同一区域之内，引起纷争不断，才是大家必须注意的趋势。

既然内部纷争增多，而且抗争愈来愈激烈，那么如何有效化解，也是大家应该用心研讨的课题。尤其是中国社会，按理说应该包容性更强，不必要以彼此抗争来相处，更应该以中国人的特性来加以化解。

真正了解“一内涵二”时，再来整合“二构成一”和“一统全局”，才不致迷失了自己。因为唯有了解自己之后，再来了解别人，才会保持自我而客观地整合他人的优点。

经过这么长久的文化交流，也遭遇这么多的世事变化，“一内涵二”“二构成一”“一统全局”各有优点，也各有缺失。若是坚持其中的一种，势必“风水轮流转”，难逃“富不过三代”的厄运。如何合理整合，才能长期持盈保泰，还需大家多多思考，多多体会。

下　篇

经由上篇的分析和说明，我们已经明白：有三种不一样的思维方式不断在我们的脑海中出现。这三种思维方式各有其道理。并不是分辨清楚，就可以从中选择自己认为最好的一种。彼此的选择若是不一样，还不是一样容易引起内部的抗争？

各地区由于长期封闭发展，已经产生了不相同的风土人情，不是一朝一夕或者少数人登高一呼，便能够改变的。三种不同思维方式实际上都和各地的风土人情有着十分密切的关系。我们不妨反观自己，进一步来认识中国人，看看我们比较适合采用哪一种思维方式。

“不识庐山真面目，只缘身在此山中”。长期以来，我们身为中国人，却不明白自己的真面目，是不是也由于中国人做久了，反而有些迷糊，搞不清楚自己到底是什么样子？

特别是近年来，一些对于中国人的负面评价，譬如“丑陋的中国人”这一类的描绘，大行其道。似乎不说一些中国人的坏话，便赶不上时代，成为落伍的象征。弄得年轻的一代，更加理直气壮地反传统，装模作样，一心想把自己变得不像中国人。

由于历史悠久，再加上包容性很强，中华民族实在是世界上最为复杂的民族。几乎样样性质，在我们身上都可以找到。所以把中国人说成什么样子，基本上都对，只不过都只说对了其中的一部分，而不是全部。

说中国人不守时，没有时间观念，谁都会点头，因为实际上就是这样。然而深入去观察，不难发现同一个中国人，有时候很守时，有时候却非常不守时。换句话说，守时的时候，比谁都守时；不守时的时候，比谁都不守时。中国人具有很大的弹性，几乎随时都在变化，当然随便怎么描绘，都有几分相近的地方。

中国人到底是什么样子？答案对中国人来说，应该十分熟悉。那就是我们所常听到的：

“很难讲。”

“看你怎么讲。”

“随便你讲。”

这三句话，代表三种完全不同的层次。听者必须用心体会，否则很可能以为真的可以随便怎么说都对。

很难讲的意思，表示语言文字根本不足以说明中国人的真面目。通常单方面的叙述，并不能够描述复杂的中国人。譬如说中国人倾向于服从，或者说中国人不甘心服从，恐怕都有人赞成，也都有人反对。不如两句话同时说：中国人表面上服从，实际上不一定服从；或者中国人对合理的要求很服从，不应该服从的时候很不服从。这么一件简单的事情，就使我们说出这么多不一样的说法，可见真的很难讲，不容易一下子把它说明白、讲清楚。为了避免无谓的争议，我们常常用很难讲来当作话头，然后才接着说下去。

很难讲还是要讲，这时候看你站在什么立场来讲。站在维护民族的体面来讲，我们会说中国人倾向于服从。反正中国人的观念里头，服从本身已经含有不服从的成分，为什么不从正面来发挥，说得好听一些？！若是站在给中国人难堪的立场来讲，也可以说中国人天生反骨，大多不服从。某些坐过牢、受过委屈的人士，便是借着负面的描述，来消除心中的怨气。

这样我们才明白中国人听话的态度，首先听说话的人所持的立场是不是和自己一致？立场相同的才继续听下去。立场不一致的，马上拒绝而不再聆听。因为同样一句话，可以站在一致的立场来表达，也可以站在相反的立场来陈述，结果完全相同。为什么不尊重听者的立场，采取一致的观点，争取听者的同情，再来说明所要表达的意见呢？话不投机为什么半句都嫌多？主要在于说话的人，让听者听出“你的心中根本没有我”，丝毫不尊重我，当然不再听得进去。

至于随便你说，用意在尊重说者的自主权。可以自己选择站在哪一种立场及哪一种表达方式，当然是人生最崇高的尊严。然而，既然有选择的自由，就要看你如何选择。所以随便你说，其实也在提醒听者，最好说得妥当些，以表示互相尊重的诚意。中国人为求圆满起见，大多会兼顾个人不一样的立场和见解。同样一件事情，对张三、李四的说法不一样。看起来好像随便说说，实际上是随机应变，并没有什么企图。

中国人是用心的民族，现代人越来越不用心，把用心当作麻烦、苦恼，因此愈来愈看不懂中国人，尤其是接触西方文化之后，很容易以西方的观点反过来检验中国人的言行，发现几乎都是乱七八糟的，简直一无是处，更加不能够了解中国人的真面目。

外国人不了解中国人情有可原。中国人不知道中国人的真相，岂非白做了一辈子的人？这是何等的悲哀！放眼看去，却为数众多，奈何！

年轻人搞不懂中国人，实在可以原谅。因为阅历尚浅，体会不深。年纪一大把，仍然由于不知道中国人究竟在搞些什么而动气，那就气死活该，一点也不值得同情。

不了解中国人的人，当然做不好中国人。拿这种人来代表中国人，根本就是取样错误。研究的结果，也不可能获得正确的答案。要了解中国人，要研究中国人，必须自己对中国人和中华文化存有敬意。以恭敬之心来研究、来剖析，才能深入地有所得。否则抱着看不起的鄙视心态，愈来愈生气，在情绪不稳定的情况下做研究，又怎么能够平心静气呢？

至少，我们应该冷静下来，既不要盲目自大，把自己美化得有如神仙，也不必过分自卑，将自己的言行丑化得令人怎么看都不舒服。

有人请教钱穆先生，为什么在他的笔下，中国人如此美好，是不是出于民族感情而有所偏爱？钱穆先生回答得很好：在中国人普遍缺乏自信心的时候，必须稍微把中国人描述得好一些，以免再次造成伤害。

特别是“地球村”逐渐形成的今日，中国人更应该及时弄清楚自己的真相，以便在世界大同的趋势中保留自己的小异。否则“地球村”的浪潮，很可能吞噬掉中华文化，使未来的中国，变成一个没有中国人的中国；使未来的中华民族，成为一个没有中华文化的中华民族。不但对不起自己，对不起祖先，也对不起其他的民族，因为“地球村”少了中国人，会减少很多热闹的情景；少了中华文化，必然减色不少。身为中国人，应该重新深入认识自己，先使自己做好一个中国人，堂堂正正而且圆通、圆满，然后建立中国人的观点，在尊重各种文化的圆融、和谐气氛下，使中国人恢复应有的特性。

人有先天的本性与后天的习性，中国人也不能例外。前者与生俱来，大家都差不多；后者为生下来之后，由环境塑造而成，彼此都有差异。大同小异构成复杂的社会。

先天的本性也就是生性，说起来便是“良心”的表现。人如果能够凭良心，大家的表现都相差不远，所以“性相近也”。按照良心行事，其结果是很接近的。

后天的习性经由学习而来。说得难听一些，便是“不一定凭良心”的表现。人一旦不凭良心，便会产生各种奇奇怪怪的念头，表现出形形色色的行为，所以“习相远也”。不一定凭良心行事，其结果当然相差颇远。

修行的人常常提醒自己，要“反妄归真”。善于思考的人必须时时注意“回归原点”，便是回到本性，一切凭良心，自然合乎正道。

然而，人一旦有了这个“臭皮囊”也就是“躯体”之后，便免不了具有七情六欲，不断由“自私”而引起各种“不凭良心”的想法，必须经常加以合理的制约，才不致偏离正道而走入偏道或邪道。

习性之中，有共同的部分，也有各自不同的个别部分。这本书所叙述的，是中国人的共同习性，所以侧重在共同部分，而不涉及个别部分。中国人的习性大同小异。我们以“大同”的部分为基础，勉强把它整理出来，以供大家指教、参考，至于小异的部分，我们尊重各人的自主权，各自发挥。

这本书的形成，并不采用现代盛行的社会科学研究方法，诚如一位好友所说：“不经实证科学或行为科学的检验，却令人听起来心有戚戚焉，相信它所说的都是真的。”

我们所用的方法，是相当中国的，称为“体会法”。尽管西方学术界不承认它是一种研究方法，或者认为这种方法相当不科学，我们仍然觉得，通过体会，可以找到十分逼真的答案。各位不妨亲自体会，以资证明。

逼真的答案又不可以直接叙述出来，因为中国人的要求大多是“妥当性大于真实性”，所以说明得妥当一些，也是本书的主要精神。有些人可能觉得太主观，我们则承认“中国人的学问，认为一切都为人而设，当然很主观”。叙述中国人的共同习性，不免站在中国人的立场，也就是依照中国人的观点，显得更加主观。

有些人硬是不接受中国人的观点，他们认为“外国人之所以看不起中国人，就是因为中国人始终不接受外国人的观念和标准。换句话说，我们如果不能改变我们的文化，外国人便会一直看不起我们”。

接受外国人的观点，把自己改造得内外都像外国人，这是我们坚决反对的做法，因为如此一来，把中国变成“一个没有中国人的中国”，才是我们所担忧、害怕的。中国人必须建立属于自己的中国人观点，就算主观，也有其必要，有其价值，中国人的根本精神不能够放弃。

中国人的基本性格，说起来十分简单，就是我们口头上常说，心里头常想的“不一定”。要描述中国人的性格，可以说“怎么说都对，怎么说都不对”，因为“变来变去”总能变到所描述的这一部分。我们最好提高警惕，不要以“盲人摸象”的心态形容中国人的性格，否则很容易陷入偏见，而不够周全。多方面观察，更能够看清楚中国人。

我们的基本信条，其实只有一条，那就是“以不变应万变”。这种最高智慧，现代一直被一些看不懂、想不通的人施以无情的抨击，真是天大的冤枉，不能不及早加以平反，恢复它的原来面目，而持续奉行。

中国人的基本立场，总共只有一种，便是“只问应该不应该，少问喜欢不喜欢”。应该反对就反对，应该赞成就赞成；应该表现才表现，不应该表现时就要深藏不露；应该诚实要诚实，应该顾虑颜面的时候也可以来一点“虚安”，看起来像欺骗，实际上并非如此。

我们的矛盾心态表现在：喜欢管人却不喜欢被管；一方面自大，另一方面很自卑；被抓住时很乖，一放手便作怪；自己含含糊糊却常常指责别人不够清楚；害怕被讨好又怕受冷落。中国人最不怕矛盾，因为我们有本领把它化解掉，高明的人还会不留痕迹，好像本来就没有矛盾一样。

中国人的心灵状态，自古以来便十分自由，因此必须讲求伦理，才不至于因过分自由而破坏秩序。有本事的人应该做主，只是谁有本事，不由他自己决定，而由大众来认定。科学在西方相当客观，到了中国人手中，也多少有一些主观，因为对中国人而言，所有学问都为人而设，而任何与人有关的事，都相当主观。

我们的衡量标准就是亲疏有别、长幼有序，看起来不公平，实际上从长期、综合的观点来看，却相当合理。我们不喜欢单一的衡量标准，不适合实施单一薪俸制，最好在多重标准中寻求合理点。有时候对外人比较客气，有些事则对自己人更宽厚，符合中国人“不一定”的性格。

中国人的判断标准，妥当性往往大于真实性，虚妄和诚信并没有关系；和合性常常大于分别性，合中有分比较容易维持和谐的关系；合理性的层次高于合法性，因为我们只能够接受合理的法，不喜欢接受不合理的法。我们有一套常见的复合标准，例如害怕权威却不服从权威，喜欢表现却又害怕表现，个人主义却又重视团体，嘴上常常没有意见实际上常常很有意见，告诉大家不用担心便是希望大家各自小心。在这些复合标准之中，中国人主张合理就是好，要因时因地而制宜。

中国人的必要修养，至少应该包括：明辨“随机应变”和“投机取巧”的不同，以免把自己的所作所为视为随机应变，却将别人的行为当作投机取巧；分清楚“圆通”和“圆滑”的差异，免得把圆通看成圆滑，冤枉好人；分辨“虚妄”和“欺骗”的不同，以免认为中国人时常骗来骗去，没有信用；辨别“艺术”和“权术”的分野，对人对事只能艺术，不能玩弄权术；区别“大我”和“小我”的异同，尽量多说“我们”少说“我”，免得无意中把自己和别人划出界线，对自己造成不利；当然还要弄清楚“经”（原则）和“权”（权宜应变）之间的配合，才能够为人处世都拿捏得恰到好处。

第十三章

中国人的基本精神

中国人的基本性格，说起来就是“不一定”，不一定这样，也不一定那样，总归是变来变去。说中国人变来变去，其实也不一定，因为他变来变去，自己却认为“一直没有变”。不一定本身，也含有“不一定”的成分，所以不一定含有“一定”在内，也可能一定。有时“一定”，有时却“不一定”，这种没定着的性格，被称为“不执着”。中国人的性格，怎么说都对，怎么说都不对，随便怎样说，都只能说对一部分，也都有一部分不对。“不一定”叫“变”，“一定”就是“经”，中国人喜欢“持经达变”，所以常常“不一定”。

一切都是不一定

中国人的基本性格，可以用“不一定”来代表。中国人满脑子都存在着“不一定”的念头，随时随地表现出不一定的行为，常常出人意料，令人摸不着头脑，如图 13–1 所示。

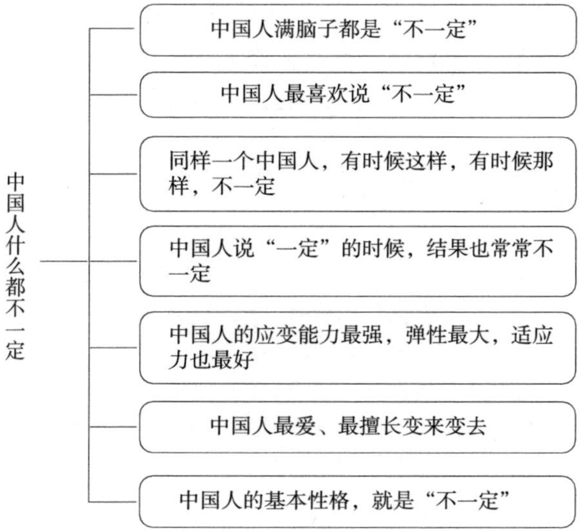

图 13–1　一切都不一定

请问："你明天来不来？"答案往往是"不一定"，就算满口答应"一定来"，结果也可能变成"不一定"。

说中国人丑陋，听起来很有道理，好像这么说的人对中国人相当了解。说中国人可爱，听起来也很有道理，好像这样说的人同样很有学问，相当了解中国人。其实，他们所说的，不过是中国人的一部分，没有说及中国人的全部。因为同样一个中国人，有时候如此，有时候却如彼。对中国人的性格而言，这样说也对，那样说也对。中国人很能够接受："随便你说"，反正都有相当的道理。

同样一个中国人，有时候非常守时，有时候一点时间观念都没有；有时候很讲信用，有时候却毫不守信；有时候很守规矩，有时候则乱七八糟；有时候生活相当规律，有时候毫无章法。为什么会这样？因为时空改变，中国人往往就会跟着改变。入境随俗，随机应变，不好吗？

中国人的应变力最强，弹性最大。全世界的人，都有情绪反应，不过中国人的起伏程度最大。中国人最爱变来变去，中国人又最擅长变来变去，形成不一定的基本性格。就算满口都是"一定，一定"，也会变成"不一定"，所以常常被认为不守信用、存心应付、见风使舵、骑墙派、摇摆不定。其实呢？并不一定。

不一定也不一定

中国人的"不一定"，本身也含有"不一定"的成分，因此常常觉得自己相当"一定"。不一定"不一定"，当然可能产生"一定"的效果，丝毫不足为奇，如图 13–2 所示。

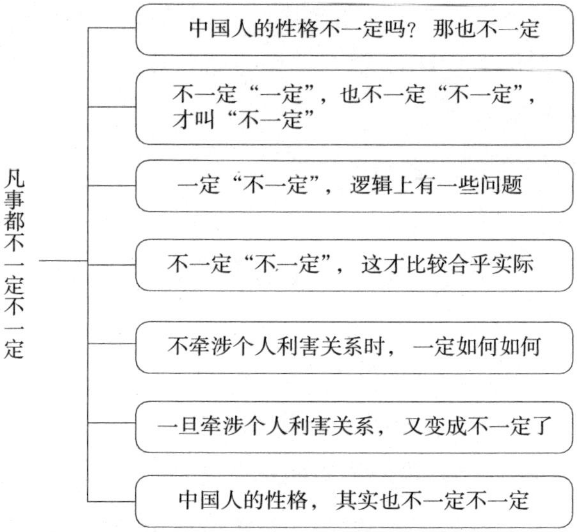

图 13–2　不一定不一定

“我不一定能来参加你的宴会”，结果却准时前来。“你不是不一定来吗？”“是啊！我实在忙不过来，但是后来仔细一想，你的饭局我怎么可以不来？把所有重要事情摆在一边，专程而来，你看多有诚意！”

“一定不一定”这句话的逻辑有一些问题。“不一定不一定”，反而比较合乎逻辑，中国人的“不一定”，基本上也是“不一定”的。

“中国人的性格不一定吗？”“那也不一定。”

有修养的中国人，多半能够保持相当一定的性格。只是这种“一定”的性格，真的不知道可以保持多久，说不定很快又“不一定”起来。一般而言，当一位中国人不牵涉个人利害关系的时候，他所说的道理大多是相当“一定”的，可是当牵涉他的个人利害关系时，他好像一下子又变得十分“不一定”，前后判若两人，也是常见的事。

有时一定，有时不一定，合起来说，依然是不一定。不一定一定，也不一定不一定，这就合乎中国人所说的“不一定”。我们必须特别留意，不一定也不一定呢！我们喜欢把“一定”和“不一定”合起来想，而不分开来看。一定之中含有不一定，不一定之中同样含有一定。合起来说，就叫作不一定。

从不一定到一定

中国人喜欢从“不一定”出发，等找到合理的“一定”，才择善固执。“不一定不一定”，然后找出一定的合理点，才不致吃亏上当。

“不一定”的阶段，我们把它叫作“不执着”“不固执”，凡事必须多方尝试，从不同的角度来思虑，采取各种可能的方法，以免事后才想起，徒增悔恨。

“一定”的阶段，是“时间已到”，不容许再拖延，这时候择其善者而固执，当然成为“一定”，如图 13–3 所示。

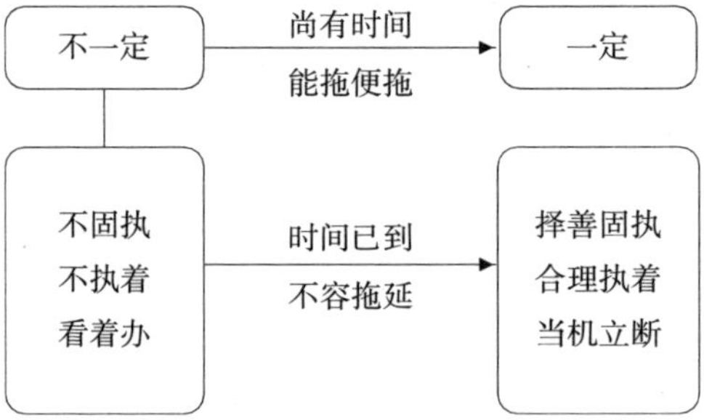

图 13–3　从不一定到一定

开始时“不一定”，表现在中国人凡事“将信将疑”，既不相信，也不会不相信。说好听是“警觉性高”，说难听则是“怀疑心重”。保持不一定的心态，才不致一下子就相信，导致吃亏上当而又惹人笑话的恶果。

最后“一定”，表现在中国人凡事“坚定不移”，说好听是“坚韧不拔”，泰山崩于前而色不改；说难听则是“刚愎自用”，就算错也要错到底。经过一段时间“不一定”的探索、揣摩，好不容易才得到“一定”的决策，当然应该坚持到底，才不致优柔寡断，坐失良机。

“不一定”和“一定”之间，有一个重要因素，叫作“时”。时未到，一切到时间再说，说好听是“不到黄河心不死”，说难听则是“不见棺材不掉泪”。时一到，当然要“一定”。有时间，能拖就拖，才能够包容随时出现的变量，把它们都考虑在内，所以应该不一定。时间紧迫，非决定不可，当然要当机立断，做出决策！

一定含有不一定

中国人在时刻已到，找到“一定”的答案之后，仍然可能出现“不一定”的状况。意思是说，“一定”不过指下决定的当时而言，如果时一改变，中国人的“一定”，很可能又会变成“不一定”。

“如果是这种情况，我们一定要好好做一下！”

过不了多久，“我看在这种情况下，我们还是小心一点比较安全，暂时不要做，你看怎么样？”

“你不是已经答应，要好好做一下吗？”

“我当然不是欺骗，也不是应付，不过时间改变，我又有了新的念头，想想还是不妥当，所以才有这样的改变。我们不改初衷，只是暂时缓一下，以观察后续的变化。”中国人说话算数，实际上经常不算数，原因即在此。

“一定”含有“不一定”的因素，“不一定”同样含有“一定”的因素，完全符合《易经》“阴中有阳，阳中有阴”的说法，从这一基本性格来看，中国人是遵循《易经》的民族，以《易经》作为思想行为的准则，好像相当有道理，如图 13–4 所示。

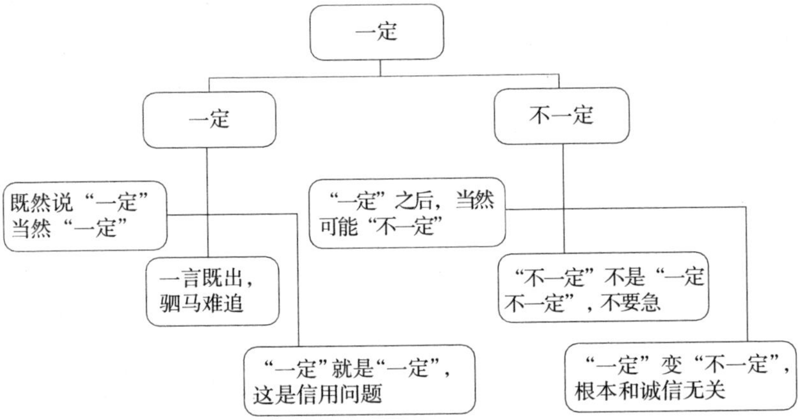

图 13–4　一定含有不一定

“我一定来”表示“我一定来”之外，还有“我不一定来”的可能，难怪中国人要“将信将疑”，经过一番揣测、思索、推论，才能够大致判断到底来或不来。更有趣的是，来或不来都与“诚信”无关，和西洋人的观念有很大差异。说来就真的来了，与说来结果并没有来，都没有诚信不诚信的问题，必须把相关的因素结合起来想，才能够判断这种结果到底合理不合理。

变来变去都一样

中国人并不承认自己常常变来变去，反而认为自己一直秉持既定的原则，具有“一以贯之”的态度，原因是“变来变去，已经成为习惯，以致不觉得自己变来变去”。中国人认为“万变不离其宗”，变来变去都一样。

“你怎么又变了，说话不算数？”中国人最讨厌别人变来变去，好像不敢信任别人，都是别人的责任。

“我哪里有改变？我始终是这样的啊！”中国人最害怕人家说他变来变去，而且他自己一直以为“从头到尾都没有变”。中国人最有信心的，便是“自己一向能够把握原则，而且不折不扣，按照既定的原则行事”。

“你还敢说没有改变？请问你在做什么？”

“我在做什么？告诉你，我从来没有改变，一向说话算话。我在做什么？我只是稍微调整一下而已。难道调整一下，也不可以吗？你这个人怎么这样不讲理？”中国人无不振振有词，调整一下都不可以吗？怎么如此霸道？具体如图 13–5 所示。

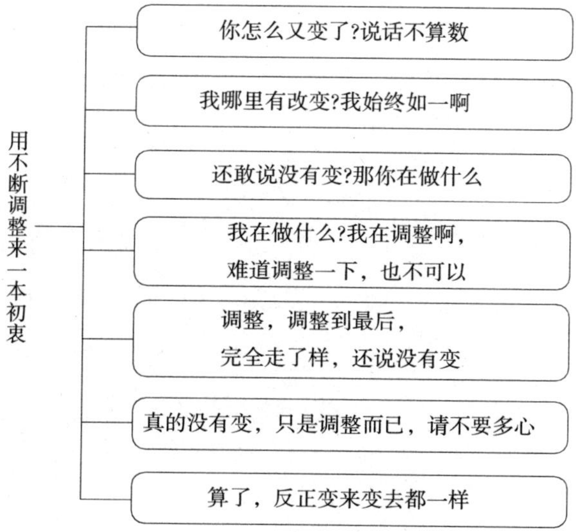

图 13–5　只调整不改变

"调整？调整到最后，完全走了样。这样变得和原来完全不一样，也叫作调整？"

"不叫作调整叫什么？调整就是调整，请不必多心。"中国人喜欢调整，又擅长调整，以致"上有政策，下有对策"，而"下有要求，上有对应"，这样上下、左右、彼此都一样。把改变和不改变合起来想，称为调整。调整得合理，大家都喜欢，便认为没有变。调整得不合理，大家都不喜欢，就会被咒骂为乱变。

一样会变来变去

中国社会，无论圣贤豪杰、贩夫走卒，大家都变来变去，都有兴趣，也各有不同的方式，能变又善变，只是不能够违背大原则。所谓"花样人人会变，巧妙各有不同"，便是各阶层有不同的花样，各行业有不同的技巧，但是，一样会变来变去。具体如图 13–6 所示。

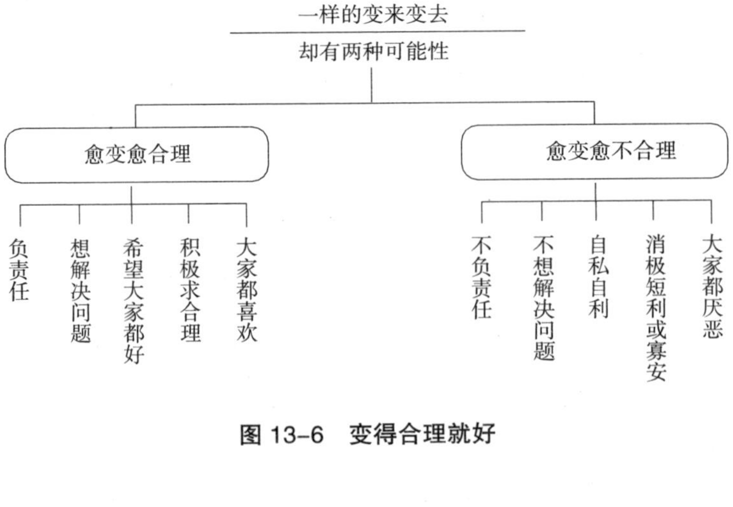

图 13–6　变得合理就好

基层大众叫“赌博”，高阶层商人则称为“政治投资”，原本一模一样，却因为花样不同，有不一样的技巧。

上面的人责怪下面的花样太多，不值得信赖。下面的人怨责上级的技巧不够奇妙，一下子就被看穿，不值得信任。大家冷静想一想，彼此差不多，都在变来变去。

变来变去不一定表示骗来骗去，也不一定代表不负责任。变来变去有两种可能：一是愈变愈合理，大家都喜欢；二是愈变愈不合理，大家都厌恶。可见变来变去并没有好坏、善恶、美丑、是非之分。要看变得合理不合理，才能够决定好坏、分辨是非。

中国人只要秉持“愈变愈合理”的原则，以负责任、想解决问题、希望大家都好的积极态度来变来变去，就算一定中含有不一定，不一定也含有一定，令人捉摸不定，也没有什么不好。若是存心自私自利，只顾自己不顾别人，既不负责任，也不想解决问题，却变来变去，势必愈变愈不合理，而招惹众人的怨责。一样变来变去，巧妙各有不同，这才是重点。一般说来，为公益而变，大家就认为合理；若是为私利而变，大家便异口同声，指责为不合理。公私一念之差，在中国社会有很大的区别。

点睛之笔

中国人的基本性格，可以说是“不一定”。和西洋人比较起来，中国人善变，捉摸不定，变来变去，果真不一定得多。中国人满脑子都是“不一定”，说话也不愿意说得太肯定、太明确，以免对自己不利。

依照《易经》“阴中有阳，阳中有阴”的道理，中国人所说的“不一定”，应该含有“一定”的成分，而中国人“一定”的时候，同样可能产生“不一定”的后果。这种“一定中含有不一定，不一定之中又有一定的成分”，很容易造成对中国人的误解，诸如“说话不算数”“没有信用”“违背诚信原则”，或者“缺乏原则”，等等，必须特别小心地加以剖析。因为中国人的观点，刚好和这种说法相反。

中国人其实都差不多，谁也不要笑谁，基本上都喜欢变来变去，也十分擅长变来变去。通俗地说：“中国人最有本领变鬼变怪，又最喜欢变鬼变怪。”比较遗憾的是“中国人通常把自己的变来变去，看成积极的、合理的随机应变，却把别人的变来变去，看成消极的、不合理的投机取巧”。其实，从第三者看起来，都是在变来变去。不过，我们可以获得初步的结论，中国人欢迎合理的变来变去，厌恶不合理的乱变。中国人最好切记八个字：“不可不变，不可乱变。”

第十四章
中国人的基本信条

中国人自古以来，便知道“以不变应万变”。“以不变应万变”是“变”，并不是“不变”。中国人最明白“天下间并没有不变”的道理，所以不可能不变，却能够以不变来应对万变。“不变”其实是“变中不变的部分”，叫作“经”。“万变”就是“随时随地都在变的东西”，即为“变”。中国人擅长“持经达变”，有原则地应变，因此“以不变应万变”便是我们常说的持经达变。变得好像没有变一样，大家才无法抗拒。有所变却又有所不变，才能够变得更加合理。随时随地求合理应变，便是“时中”的境界，持经达变到合理的程度，是中国人的基本信条。

坚持以不变应万变

中国人自古以来就懂得“以不变应万变”的道理。不但运用得十分纯熟，而且运用得非常普遍。几乎不分男女老少，天天都在“以不变应万变”。如图 14–1 所示。

说中国人变来变去，他都不会承认。因为他所看到的，是自己“不变”的部分，别人看到的，则是他那“万变”的表象。自己认为非常坚持原则，说不变就不变，表现出坚韧不拔、坚定不移的态度。而在别人的眼中，根本就是变来变去，哪里有什么原则可言？这种情况，在中国社会简直到处可见，随时可以找到案例来加以证明。

对中国人而言，每一个人都认定自己不但有原则，而且相当执着，这一部分，我们称之为“内方”。中国人以方方正正为荣，大多肯定自己是正直而又规矩的人。但是说起话来，做起事情来，却又千变万化，花样很多，令人眼花缭乱，弄不清哪些是真的，哪些才是假的。这一部分，我们称之为“外圆”。中国人力求圆通、圆融、圆满，似乎非圆不足以令人满意。但是这样一来，就引发很多令人困惑的现象。

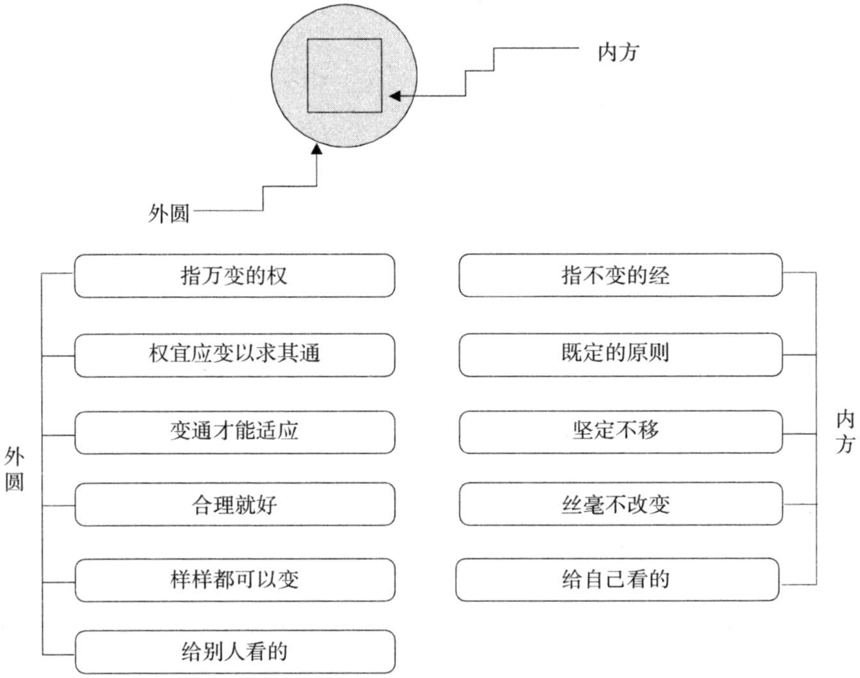

图 14–1　以不变应万变

内方是不变的“经”，外圆则是变动的“权”，或者直接称之为“变”。内方外圆即是“持经达变”或者“持经达权”，也就是常说的“以不变应万变”，用“不变”的“经”（常则、原则）来对应瞬息的“万变”（权变）。中国人长久以来，始终能够维持连续性，不致产生不连续的现象，便是这种以不变应万变的精神。任何应变，都不敢违背常则，才能够变到好像没有变一样，令人觉得真的不是乱变。

以不变应万变是变

以不变应万变是“变”，绝对不是“不变”，这是许多人误解的地方，也是有些人反对它的主要原因。错把“以不变应万变”当作“不变”来责骂，徒然暴露出自己的无知，也显露出自己根本不了解中国人的弱点。

中国人既然没有“不变”的观念，当然不可能把“以不变应万变”当作“不变”来看待。

拿既定的原则来对应所有的变量，做出合理的调整，这些调整出来的结果，彼此不相同，呈现“万变”的现象。有“不变的原则”却能够产生“万变的结果”，才叫作“以不变应万变”，是“变”而不是“不变”。

原则虽然不变，长久看起来也是“变”的，只不过变得比较缓慢，短时间内好像没有变化，或者和万变的结果相比较，显得好像不变一样。

“经”还是会变的，只是经过一段比较长或者很长的时间，才发生不算太大的变化，我们就把它当作经常如此来看待，称之为“经”，来表示常年如此的意思，如图 14–2 所示。

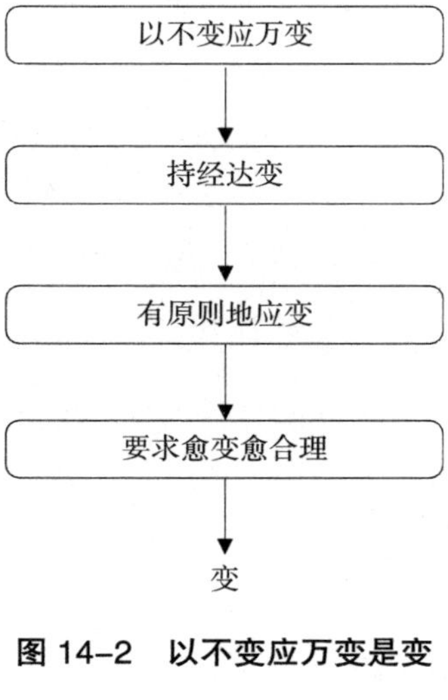

图 14–2　以不变应万变是变

以不变应万变才不致乱变，不会乱得不合理而令人失望，这是中国人对变化最大的期望。既然一切都在变化，好像非变不可，这时候就希望它能够愈变愈好，愈变愈合理，愈变愈令人满意，所以主张“以不变应万变”来达成这种愿望。不可不变，也不可乱变，这是大家都知道的道理。但是，怎样才能够做到这种地步，有很多人仍然不明白：唯有以不变应万变，才有可能。

变到和没有变一样

中国人最知道“任何变革，都会受到某些抗拒”，因为“所有变革，只要有人受益，也就有人受害”。由于“几家欢乐几家愁”的不平现象，当然引起“既得利益者的抗拒”及“新受害者的不满”，以致有变化便有人为的阻碍，形成变化的阻力，难以顺利变革。

“以不变应万变”的主要功能，即在“变到好像没有变一样，使大家在不知不觉之中接受变化而不知抗拒”，以减少变化的阻力，获得顺利的变革，如图 14–3 所示。

中国人常常宣布“一切照旧”，然后才逐渐变革，等到大家惊觉原来一切旧的都已经不见了时，已经太晚了，无法抗拒或阻挡了。这种做法，说起来也是“深藏不露”的一种表现。

把青蛙放置在冷水锅里逐渐加热的故事，其实便有“以不变应万变”的功效。把青蛙一下子投入热水中，它一定会猛力跳起，跃出锅外。现在放在冷水锅内，看起来一切照旧如常，然后逐渐加热，青蛙不知不觉被烫死还不会抗拒，证明变到好像没有变一样，确实有它的长处。

中国人喜欢说到好像没有说一样，做到好像没有做一样，其实都

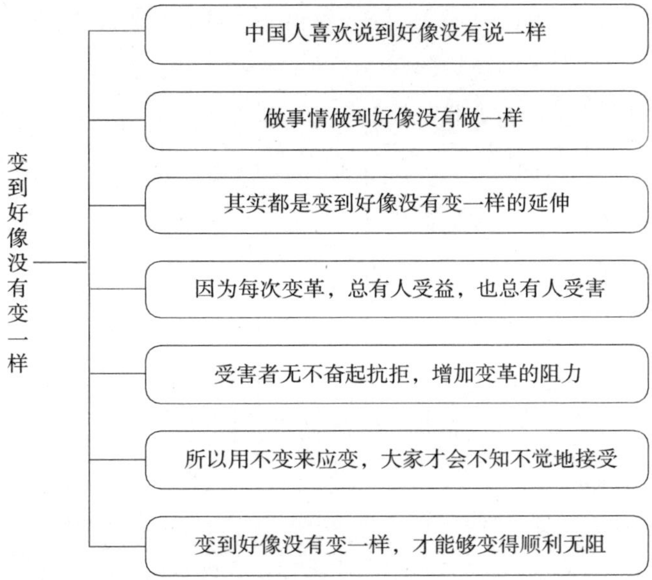

图 14–3　变到令人不知不觉

是变到好像没有变一样的延伸。变到让大家觉得有新的变化，自然警觉地有所抗拒；变到好像没有变一样，大家认为一切照旧，又没有什么改变，怕什么？才不致引发抗争。把说和不说合在一起，将做和不做合起来想，又拿变跟不变合在一起看，都是中国人十分擅长的思维方式。和谐却不和稀泥，根源即在于此。

有所变又有所不变

以不变应万变包括两大部分：一是“有所变”，二是“有所不变”，如图 14–4 所示。

“有所变”指变的现象，千变万化，瞬息万变，属于“万变”的部分，一直不停地在变。

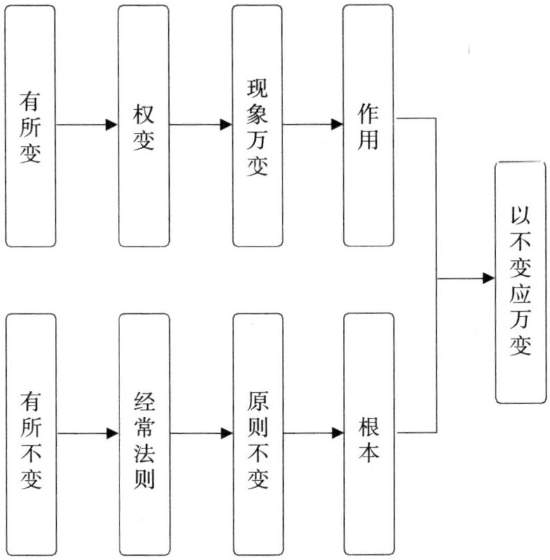

图 14-4　有所变也有所不变

“有所不变”指不变的本体，或者既定的原则，在有限的期间内，基本上不会变，属于“不变”的部分。

“有所变”只是“作用”，“有所不变”才是“根本”。本立而后道生，中国人重视根本，所以主张“以不变应万变”，凡事站在不变的立场，再来考虑变，比较不致乱变，比较容易愈变愈合理，让大家都满意。

中国人教导子女，只教过他们“不可乱变”，并没有教他们“求新求变”。因为“不可乱变”是“有所不变”的一部分，属于“根本”的范围，“求新求变”则是“有所变”的一部分，属于“作用”的领域。子女从小习于“有所不变”，才能够养成守规矩的良好习惯，长大以后，学识比较丰富，经验也增多了，这时候才来学习“有所变”，应该比较合理有效。

“有所不变”的目的是为了“有所变”，学习守规矩的目的，同样是为了合理应变。中国人常说“没有规矩，不成方圆”，可见持经达变（成方圆）必先立基于守规矩，也就是有所不变。站在有所不变的立场来求合理的有所变，不应该首先站在有所变的立场，一心一意求新求变，以致稍微不小心，便掉入乱变的陷阱。

持经达变以求合理

为什么要“以不变应万变”呢？因为中国人主张“一切依理处置”，只要处置得合理，大家便乐于接受；若是处置得不合理，纵然十分合法，大家仍旧耿耿于怀，觉得很不愿意接纳。但是依理处置说起来容易，做起来非常困难。原因是“理不易明”，道理实在很难说得清楚。为什么理不易明呢？因为道理本身是变动的，因时因地而变有时候也会因人因事而变动，所以不容易说得清楚、明确。往往刚刚说完，变量又起，道理又变了。

真理当然是绝对的、唯一的、不变的，但是一般人的水准，根本达不到真理的层次。一般事务的处置，也用不着这么高的真理层次来解决，有时候这么高的层次反而解决不了一般性的事务。一般人的思维，大多是相对性的道理，这样想也有道理，那样想也有道理，想来想去都有相当的道理，形成“公说公有理，婆说婆有理”的“说不清”局面。中国人喜欢说“很难讲”，事实确实如此。

以不变应万变，便是居于理不易明，道理本身也是变动的，这才持经达变，因应时、地、人、事的不同变量，寻找合理的平衡点，如图 14–5 所示。

合理不合理，当然也很难讲。因此中国人的变动性，在这里更加显现它的必要性，好像十分重要的样子。

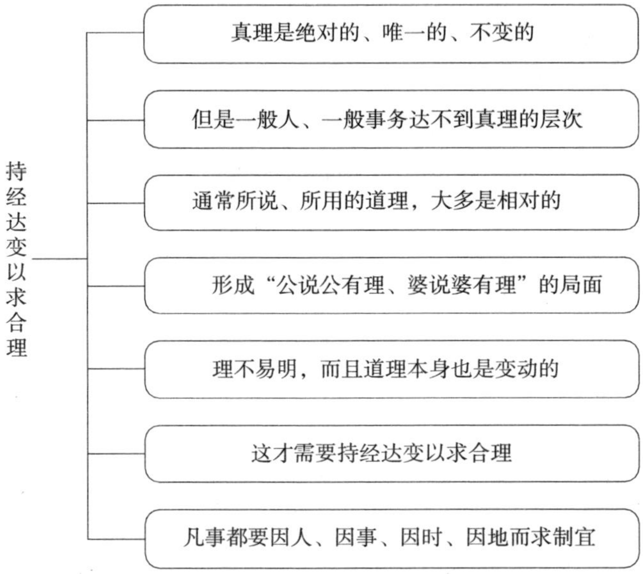

图 14–5　合理应变求平衡点

中国人喜欢凡事讲求情、理、法，理居情和法之中，按照《易经》“居中为吉”的道理，合理是中国人最重视的，虽然很难讲，还是要站在不好讲的立场来讲。

合理应变叫作时中

中国人言行的最高境界，叫作“时中”。“中”的意思，是“合理”，也就是“命中目标”，表示“合乎大家的期望”，可以产生令人满意的结果。“时”指“随时”，也就是“时时刻刻”，从广义上说起来，便成为“随时随地”。“时中”就是“随时随地求合理”，合乎“中庸之道”。因为“中庸”的真义，本来就是“合理”。随时随地求合理，意即无时无地不切合中庸的要求。

理不易明，合理不合理，当然很难讲。中国人讲求“将心比心”，便是希望大家不要过分地个人主义，凡事只想到自己，却不想到别人，一切只为自己着想，从来不为他人筹划。个人主义社会，必须依“法”处理，因为“理”是行不通的，不得已才重“法”。中国人讲求“交互主义”，一切要求“彼此相对待”，所以常说“彼此，彼此”，才有资格重“理”，拿“合理”做标准来解决问题，如图 14–6 所示。

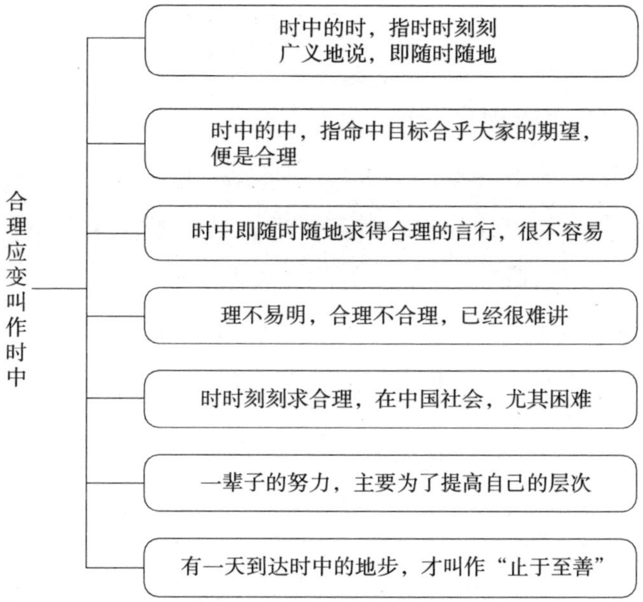

图 14–6　用心求时中

合理相当不容易，时时刻刻求合理尤其困难。中庸之道之所以难行，原因即在于一般人不是过分，便是不及。而过与不及，都不合乎中庸的道理。一辈子的努力，主要是为了提升自己的层次。从求合理开始，时时磨炼自己，常常自我检讨，在为人处世方面，合理的比例愈来愈多，不合理的比例相对地愈来愈少，有一天到达“时中”的地步，才叫作“止于至善”。止于至善，便是找到合理点，然后择善固执。时时如此，称为时常命中目标，成为中国人最难得的时中。

点睛之笔

中国人最高的智慧是“以不变应万变”。由于不容易了解，也不容易做到，因此时常被误解、被错怪。好多人以为“以不变应万变”即是“不变”而大力批评，殊不知正好暴露自己的无知。因为“以不变应万变”根本不是“不变”，而是不折不扣的“变”。拿不变的原则来对应万变的事务，不是十分高明吗?

中国社会，好像没有什么好坏、善恶、美丑的分别，似乎中国人最没有分别心，真是这样吗?其实不然，任何事情在中国人眼中，只要“合理”，便是对的、好的、美的，若是不合理，那就不对、不好、不美了。合理不合理很不容易分辨，这应该是中国人最为苦恼的地方。身为中国人，最要紧的便是“把脑筋弄清楚”，才能够分辨合理与否。

第十五章
中国人的基本立场

按照“阴中有阳，阳中有阴”的易理，我们既不表示赞成，也不表示反对，以免受害。应该反对就要反对，应该赞成也要赞成，中国人却加上了一个条件，必须设法保住自己的安全。西方人主张有能力就要尽量表现出来，中国人则认为有本事也不可以随便表现。喜欢作秀的人，常常一表现就对自己不利。懂得深藏不露，才能够合理地表现，受人欢迎。中国人不承认自己会骗人，却时常骗来骗去，但是可以骗别人，千万不要骗自己来害死自己。面子最要紧，总设法保住自己的颜面，爱面子的目的，其实在促使自己合理地表现。

既不表示赞成，也不表示反对

一般中国人都自认为“是非分明”，也十分讨厌“是非不明”的人。但是，一旦面临“反对”或“赞成”的抉择时，大概都不愿意明显地表示出来，理由是“是非难明”，一时之间，很不容易分辨是非，当然无法明白表示。如图 15–1 所示。

首先，我们的要求比较高，对赞成的案件仍然不够满意，以致“大体赞成，至少有一部分反对”，而对反对的事情，往往也有一部分赞成，所以很难下定决心。

其次，完全赞成或反对，很容易引起听者的反感。若是将赞成和反对混在一起，相当于“有条件的赞成或反对”，听起来就让人比较愿意接受。例如，“我毕业后马上出国留学，你赞成吗？”最好的回答是：“我不赞成你马上出国，但是你如果准备得十分周全，知道自己要学的是什么，将来学成之后要做什么，我当然不会反对。”

最后，为了增强对方的责任，用“既不赞成，也不反对”来凸显听者的自主性，使其更加重视自律和自动。表示赞成，听者受到很大的鼓励和支持，可能“大意失荆州”，造成阴沟里翻船的惨局。表示反

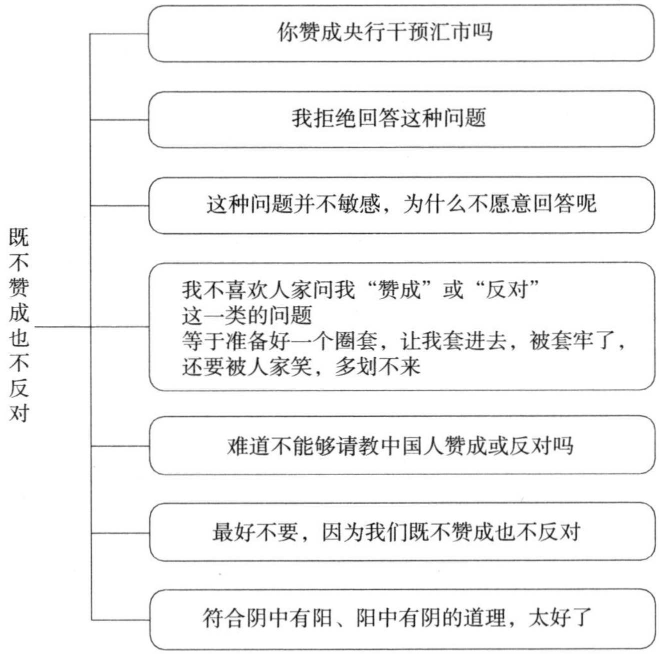

图 15–1　不赞成也不反对

对，听者受到挫折，可能因而放弃，或者缺乏信心。不赞成也不反对，听者才会面对现实，用心地研究判断，自己做最后的决定。

合理的赞成加上合理的反对，形成中国人既不赞成也不反对的立场。我们说既不赞成也不反对，事实上是赞成之中有反对，而反对之中也有赞成，并不是不分是非、糊里糊涂或者怕惹事端。

应该反对才反对，否则就赞成

中国人主张，凡事多问应该不应该，少问喜欢不喜欢。应该赞成的，就要赞成；应该反对的，也要表示反对。事实上，这样老老实实地表现出来，结果必然是“好人早死”，落得凄凄惨惨，饱受众人的冷嘲热讽。

在公开场合，中国人不愿意“应该赞成就举手”或者“应该反对便表示出来”，因为这种情况，很容易被人利用或者招惹某些人的怨恨。再说，举手表决最不能表达“赞成中有反对，反对中有赞成”的态度，难怪中国人不轻易举手，以免害死自己，还要惹人笑话。

就算私底下问卷，中国人大多选择“中间”的答案，也是出于“阴中有阳，阳中有阴”的考虑。

对中国人而言，要他表明赞成或反对，只有两种有效的途径：

首先是秘密投票，中国人才敢放心地投下去，表明自己究竟是反对或赞成。最妙的是，投票后大家猜来猜去，始终没有人愿意承认对自己不利的猜测。

其次是私底下当面询问，拜托关系比较好的朋友代为请教。如果交情够，诚意也够，中国人大多会明确表示出来，比较容易获得答案。如图 15–2 所示。

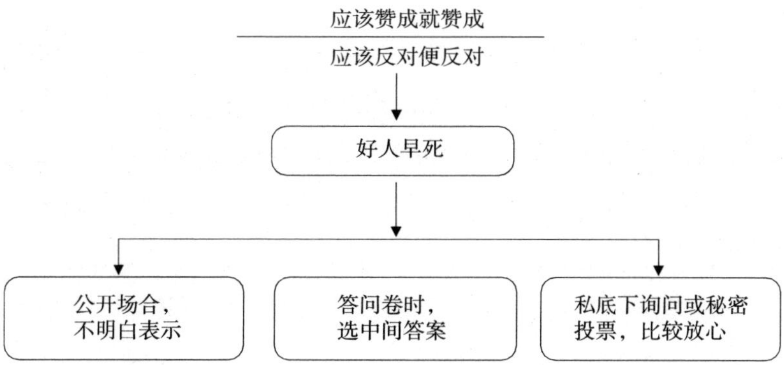

图 15–2　避免好人早死

应该反对才反对，否则便赞成，加上合理地表现出来，才是中国人的修养。看清楚之后，合理地表示反对或赞成。尚未看清事实之前，千万不要表态，以免造成误判，令人看不起，也可能让自己下不了台阶。

有本事不可以随便表现出来

大家正在打乒乓球，热闹非凡。某君从外面走进来，大家招呼他："过来试试看。"

他笑着说："好久没有打了，不行啦。"

大家让来让去，某君终于持拍登场，不费吹灰之力，把对手一一打败。这么纯熟的技术，哪里会好久没打了？但是在场的人，并没有人觉得奇怪，大家心中有数，某君的话不过是"深藏不露"的一种表现罢了。

会写字的人不轻易宣扬自己擅长书法。会画画的人，不愿意随便让人家晓得自己善于作画。

中国人来到一个比较陌生的环境，大多会冷眼旁观一段时期，看看这个新环境有些什么样的人物，有些什么样的特殊规矩，我们称之为"入境问俗"，为的是"不要随便表现，以免遭受不良的打击"，"看看情况，应该如何表现大家才会接受，对自己最为有利"，因此"先投石问路，看看反应如何，再做进一步的决定"，如图 15–3 所示。

有本事马上表现出来，往往也是"早死"的一种原因。表现得不合理，表现得大家不喜欢接受，当然招致"早死"的恶果。有本事不随便表现，先看看情况，套套交情，拉拉关系，把现状看清楚了，门路找妥当了，再衡量情势的变化，做出合理的表现，才可能"不鸣则

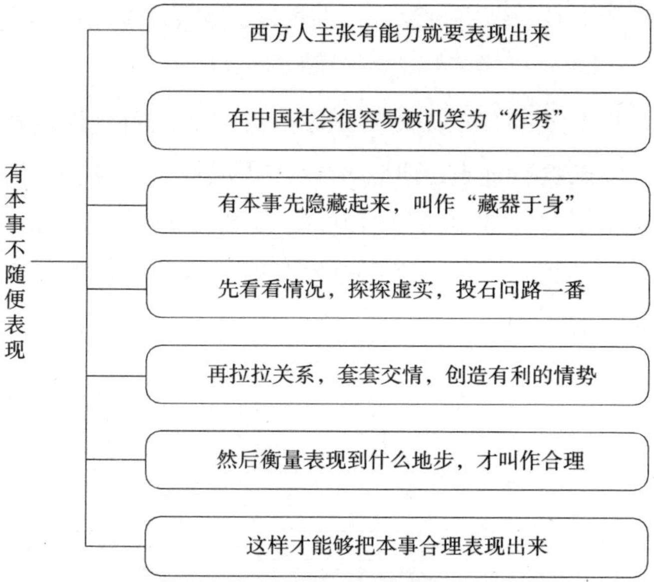

图 15-3　深藏不露才能合理

已，一鸣惊人”，至少立于不败之地。中国人不讲能力，却十分重视本事。只有能力而没有本事，往往一表现就遭殃。有本事的人，能够把能力表现得恰到好处，受人欢迎。

深藏不露才不致一表现就死

“深藏不露”实际上是中国人守身哲学的应用，为我们奠定“立于不败之地”的良好基础。现代主张“透明化”“公开化”“台面化”，把自己的实力毫不隐蔽地展现无遗，好像把自己暴露在明亮处，如果有人躲在暗处要算计他，是不是相当危险、不够安全呢？

不过，中国人有一种十分矛盾的倾向。我们一方面“喜欢深藏不露”，另一方面却极力鼓励别人“有本领尽管使出来”。这种“诱敌”

之计，用在敌人身上情有可原，用在自己人身上，恐怕有“存心不良”的嫌疑。

中国人只主张“不可以随便表现”，并没有反对合理地表现。我们必须遵循“应该表现时才合理地表现”“不应该表现时，再喜欢表现也要自我约束，不要表现出来”的道理。不能不表现的时候，务必谨慎地表现到合理的地步，不可任意逾越合理的范围，以免引起无谓的后患。具体如图 15–4 所示。

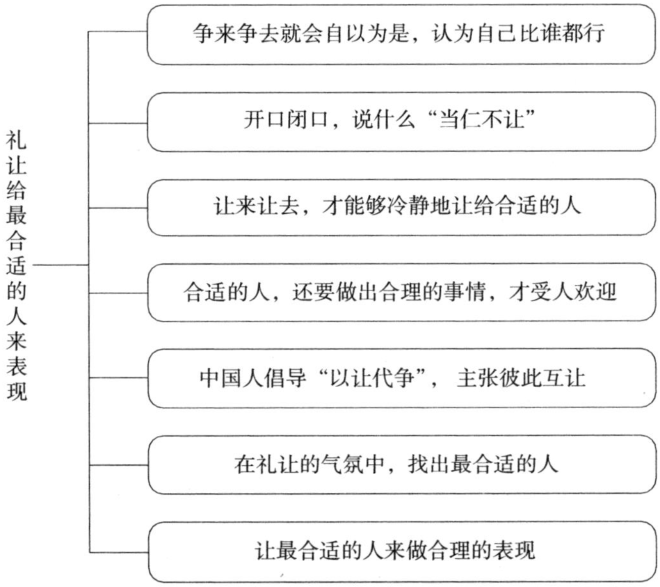

图 15–4　合理表现才是当仁不让

我们应该随时随地把机会让给比自己更合适的人，来做更为合理的表现。中国社会倡导“以让代争”，便是一旦引起竞争，会自以为最合适而当仁不让，唯有礼让为先，才能够冷静地让来让去，让给最合理的人，来做最合理的事。要表现，也应该让真正有本事的人来表现，否则整天看那些不够水准的人霸占表演台不下来，看了都会心烦。让来让去，真的是自己最合适，这时候再当仁不让，尚不为迟。至少众人受到礼让，觉得有面子，就算帮不上忙，也会稍微支持一下，减少很多阻力。

可以骗别人，千万不能骗自己

中国人最讨厌彼此骗来骗去，也不承认自己会欺骗别人，但是实际情况却显示中国人时常骗来骗去。“这次考试，为什么成绩这么差？”“老师重点复习那一天，我刚好请假。他们都知道重点，偏不告诉我，所以考得不理想。”这种话不算欺骗，而是找借口，让自己有台阶下，可以保留面子，如图 15–5 所示。

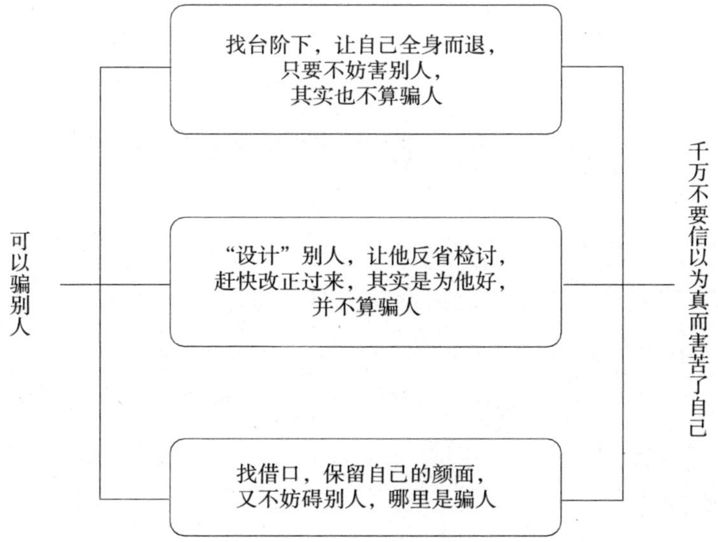

图 15–5　千万不要骗自己

“李先生找你。”“请赶快告诉他，我不在这里。”这种话不是欺骗，而是一种中国人惯用的“设计”，用意在促使李先生自己检讨，为什么做人做到这种地步，明明人在这里，却不愿意和他见面。这样的做法不但不是使他难堪，反而是给他保留一些面子。否则当面告诉他：“我在这里，但是不想和你说话，请你赶快走。”是不是对李先生更加不礼貌？

“你们同一年进来，为什么老王升得比你快？”“他呀，马屁精，又会走门路，当然升得快。”这种话也不算骗人，只是随便找个借口，抵挡一番，然后再好好搞清楚原因，以便切实改进，能够迎头赶上。

骗骗别人，只要不伤害到他人，对中国人而言，原本是平常事。但是千万不可以骗别人之后，自己也愈听愈相信，变成骗自己，那就会伤害得自己不知反省，不求上进，反而害苦自己。骗别人，要不要相信，是他的事，理应由他自己承担所有的后果。骗自己，岂不自作自受，根本没有人会同情，反而惹人笑话，当然要极力避免。

保留颜面，促使自己好好表现

“设计”、找借口、找台阶下，都和“面子”有关。有时候是为了保留对方的面子，让他自己去反省改进，有时则是为了保留自己的颜面，促使自己好好检讨，加倍努力，以求表现得更好。

“设计”别人，他能不能及时警醒，我们并没有十分的把握。有时“设计”了老半天，对方不但不知反省改进，反而埋怨、责怪，我们实在也没有办法。

最要紧的，便是暂时保留颜面之后，千万不要忘记赶快检讨反省，以便及时改善，寻求合理的补救方法，如图 15–6 所示。

“你的报告写好了没有？”“写好了，只是早上急着要准时上班，

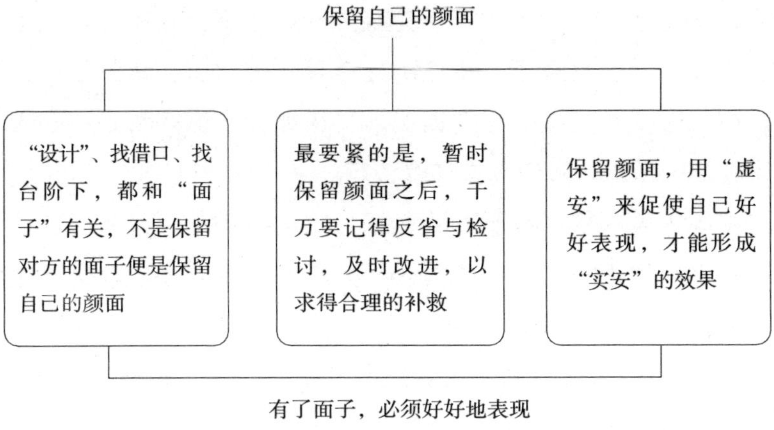

图 15-6　凡事必须自求合理

以致忘记带来。"实际的情况是根本还没有写。这番借口，暂时保留住自己的颜面，下班后赶快把它写好，放在上班的手提袋，第二天一上班就把它交上去。然后谨记在心：这一次疏失，幸亏平时信用还不错，勉强抵挡过去，下一次不可以再犯，以免被拆穿了，不但难堪还可能受罚。

只要不存心害人，或者对别人构成不便，用"骗人"的话来维护自己的面子，中国人把它叫作"虚安"。偶尔用一下，大家很容易谅解，常常使用，也会带来不安。虚安的目的，如果是为了促使自己好好表现，最终形成"实安"，也相当合理。虚安，其实就是蒙而不骗，蒙一下，反正对方很快就会觉察。骗人骗到大家都知道，还算什么欺骗？事后想想，都会觉得这样反而比较妥当。

点睛之笔

中国人的基本立场，是不偏不倚，秉持既不反对也不赞成的态度，反对应该反对的部分，而又赞成应该赞成的部分。由于事情很难表现得十全十美，所以中国人大多不完全赞成，也不完全反对。加上事情经常在变动，反对之后万一变成不应该反对的情况，该怎么办？赞成之后，如果形成不应该赞成的情况，又该如何？这些都是中国人不愿意表明立场的考虑，我们应该加以谅解。

要中国人表明赞成或反对的立场，其实并不难。只要保证他的安全，不让他觉得不安，相信中国人十分愿意表示立场。若是不能保障他的安全，让他觉得不安，对不起，中国人不愿意表示立场。用一些“虚安”的话看起来像欺骗，其实是为了面子问题，要用心体会，才能够明白真正的意思。

有本事不随便表现，也是出于明哲保身的考虑。中国人比较喜欢打击有能力的人，比较同情没有能力的人。一方面，能者必须多劳，而且还没有人会感激；另一方面，有能力的人容易招人嫉妒引起很多阻力。有本事必须学习深藏不露的功夫，表现得受到大家的欢迎，才不致一表现就死。安全和面子，原本是中国人最先想到的因素，一切思想行为，都从安全和面子着手来思考，比较符合中国人的需求。

第十六章
中国人的矛盾心态

中国人看起来相当矛盾，喜欢管人，却不喜欢被管。一方面很自大，另一方面又很自卑，被抓住时很乖，一放手便很会作怪。自己经常表现得含含糊糊，却时常责怪、埋怨别人不够清楚。警觉性很高，害怕被人讨好，一旦受到冷落，便满肚子不高兴。中国人承受阴阳变化的道理，在行为上经常有矛盾的现象。

喜欢管人，却不喜欢被管

中国人普遍受到《易经》的影响，十分重视“时”和“位”的变化。我们总认为时或位改变，对个人或团体都有很大的影响。因而认定“人生就是自作自受的历程，各人都应该尽力而为，最好全力以赴”。打从初出娘胎开始，占到良好地盘的，便是“贵子”，而根本没有地盘的，就叫作“弃婴”。从小到大，我们所说的奋发上进，似乎都和“抢地盘，占地盘，换地盘”脱不开关系。中国人喜欢说：“占到好地盘，比拳术精良要有利得多”，意思是说，“有能力的人，不一定占得到好地盘；而占到好地盘的，往往能够胜过那些有能力的人”。时位的变化具体如图 16–1 所示。

古代直接把守住所占地盘的人，称为“太守”，目的都在告诉大家：“这个地盘我在看守”，亦即“这里由我管”。

整个社会呈现“大的管大地盘，小的管小地盘”的面貌，彼此都尽力满足“由我管”的欲求。

聪明的人管事，不聪明的人才喜欢管人。偏偏不聪明的人居大多数，因此到处有“喜欢管人”的人，弄得自己常常气得半死，而且迟

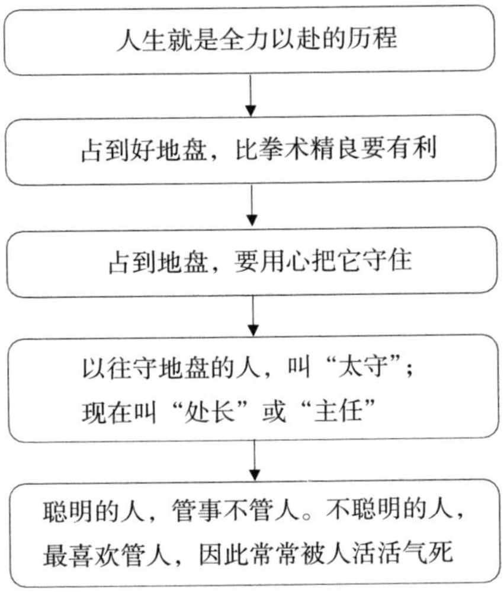

图 16–1　时位的变化

早会被别人活活气死。

因为中国人最不喜欢被管，一旦觉得被管，就要极力想办法把管他的人气死。中国人由于误解《易经》的道理，形成这种“喜欢管人，却不喜欢被管”的矛盾心态，必须早日改变为“两者都不喜欢”，才能各得其乐。不喜欢被管，是人之常情。喜欢管人，却是不折不扣的官僚心态。

一方面自大，一方面自卑

中国人承受“天大地大人亦大”的观念，弄得个个自我膨胀，自大得不得了。教授在研究生院上课，一开口便说：“我今天要教大家怎样判断事实的真相。”

珠宝店女店员最喜欢讲：“珠宝鉴定十分困难。不过，你如果有兴趣，想学，我可以教你。”

电视上的健身操教练，经常不忘提醒大家："今天要教大家扭扭腰。"

"好为人师"是中国人"自大"的通病；容易把别人看作白痴，也是中国人"自大"的拿手好戏。

偏偏中国人"讲道理"的能力十分高强，随便听到什么样的道理，马上可以举一反三，说出一大堆相反的道理，而且听起来也相当有理。

自己说出一番道理，觉得很有信心，本来就应该"自大"；听见一些相反的道理，觉得自己好像思考不够周全，显得有些"自卑"。但是，中国人当然不可以轻易认输，死"抬杠"也要硬撑到底，于是又"自大"起来。其实，自大正是自卑的心理在作祟，自卑的人经常用自大来掩饰内心的不安。

谦虚是治疗中国人一方面自大、一方面自卑的良药，可惜现代人太不重视它。不懂得谦虚的人，居然把谦虚看成虚伪。《易经》六十四卦，只有谦卦从头到尾都吉顺。谦虚才有福气，为人不可不谦虚，否则很容易流于狂妄自大。兹归纳其要点，如图 16–2 所示。

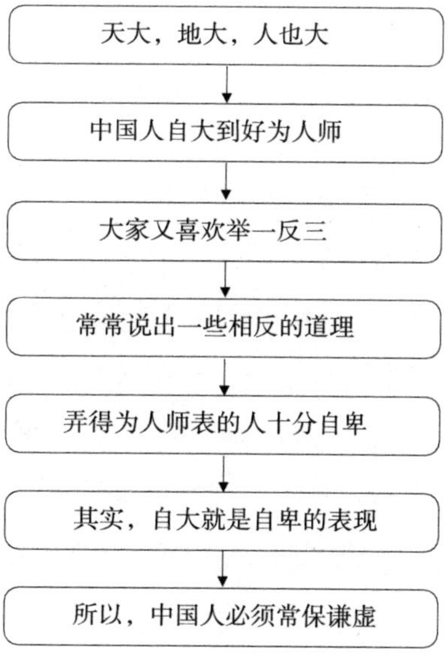

图 16–2　谦虚才有福气

被抓住时很乖，一放手便作怪

中国人“能屈能伸”，表现在：被抓时，由于“人在屋檐下，不得不低头”而十分乖顺；一旦放手，重新获得自由时，立即大大地作怪，认为“谅你也拿我无可奈何，有什么好害怕的？”

这种心态，说好听是“好汉不吃眼前亏”，情势不利时，当然要委曲求全。说难听则是“见风使舵”，有如墙头草，风吹两面都能倒，生存能力极强。

中国人解决问题的基本心态就是“看情况”。所谓“兵来将挡，水来土掩”，情况一改变，方法便跟着调整。即使是一百八十度大转变，也很有可能。我们的根本在明哲保身上。为求保住性命，被抓住时当然很乖顺，却不认为是“投降主义”，因为对方一松手，情况改变，马上重振雄风，力求东山再起，怎么算是投降呢?

被人家抓住时受尽委屈。如今宽松自由，当然应该尽量伸张，才能够在身心两方面都获得相当的平衡。

这种矛盾的心态，只要维持合理的标准，便没有什么不好。合理地能屈能伸，也就是伸张到合理的程度，而又委屈到合理的地步。不过分便符合中庸之道。具体如图 16–3 所示。

合理屈伸称为“大丈夫”。不合理时，便成为“无耻之徒”。能屈能伸，事实上并不困难。大凡活着的人，都做得出来。能屈能伸到合理的地步，才是困难。不过分，也不做得不够，当然需要不断地磨炼。

自己含糊，却骂人不清楚

中国人沟通的三大要领是：“第一，有话不一定说；第二，如果要

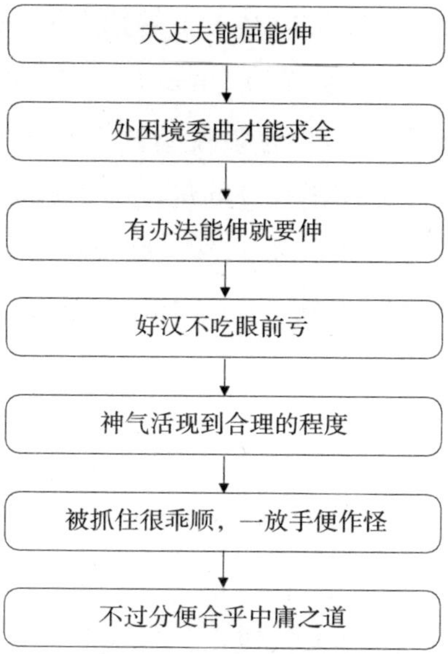

图 16-3　能屈能伸才是大丈夫

说，多半说得含含糊糊；第三，一定要说明白时，照样可以说得清楚明确，不过不一定是真的。”把这三句话连接起来，一个活生生的中国人便出现了。但这并不表示中国人不说真话，或者说话不算数。我们应该清楚，逼迫人家把不喜欢说、不好意思说、说了大家都不好受的话讲出来，人家只好用这种方式来表达。

说话含糊，主要目的在于保护自己，合乎明哲保身的道理。希望别人说话时清楚一些，对自己的研究判断更有助益，同样合乎明哲保身的原则。因此，中国人一方面不忘自己说得含糊，另一方面却又期待别人说得清楚明白，这形成很大的矛盾。

中国人一方面希望充分了解别人，以便有效地加以掌握；另一方面则不喜欢让别人完全了解自己，以避免为人所控制。彼此都如此，不但构成沟通的障碍，而且容易形成彼此互相猜忌而难以相互信赖。

幸好“伦理”解决了这种难题，我们尊重长上，意思是“让长上充分了解自己，而自己则不能完全去了解长上”，所以“小孩子有耳无嘴”，只能够多听少问，因为“不应该知道太多事情”才比较好。

自己含糊到合理的地步，应该说清楚时，还是要说得清楚一些。要求别人清楚，也只能要求到合理的程度，不能不尊重别人的隐私权。若是两者都合理，也就没有什么不好。要求别人说清楚、讲明白，根本就不合理。自己要不要说清楚、讲明白，也应该由自己决定，不必因别人的无理要求而使自己乱了脚步，结果苦了自己。兹归纳要点，如图16–4所示。

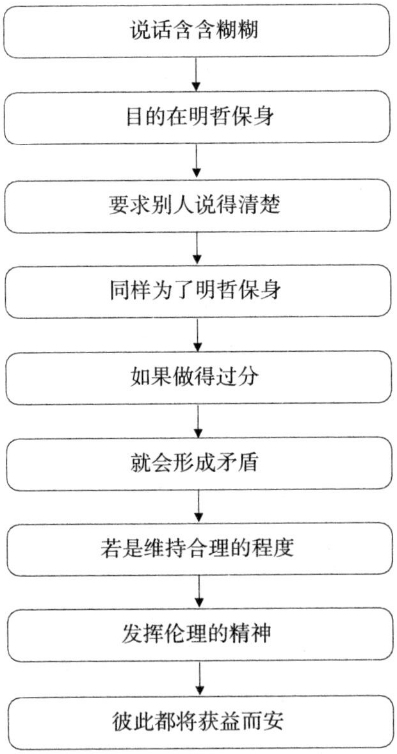

图16–4　重视伦理才能保身

害怕被讨好，又怕受冷落

中国人警觉性很高，非常怕被讨好。每当对方特别客气、有礼貌时，都不忘提醒自己“礼多必诈”，必须更加小心提防才好。认为接受他人的讨好，后果不堪设想。

但是，我们的怀疑心也很重，一旦遭受冷落，每当对方表现得不够客气、礼貌时，也会提醒自己“备受委屈”，必须发扬“不吃嗟来之食”的精神，给对方一点颜色，警示他不可以“老虎不发威，便把我当成病猫”。

警觉性高和怀疑心重，原本是一体两面，难以分割。中国人的矛盾心态也因此而生成，既害怕被讨好，又不高兴受到人家的冷落。我们说中国人警觉性很高，是说好听话。说中国人怀疑心重，则是说实在话。我们要讨好人家，或者存心给人家难堪、冷落人家，都应该表现到合理的地步，以免对方毫无心理准备，或者恼羞成怒，彼此都不好，如图 16–5 所示。

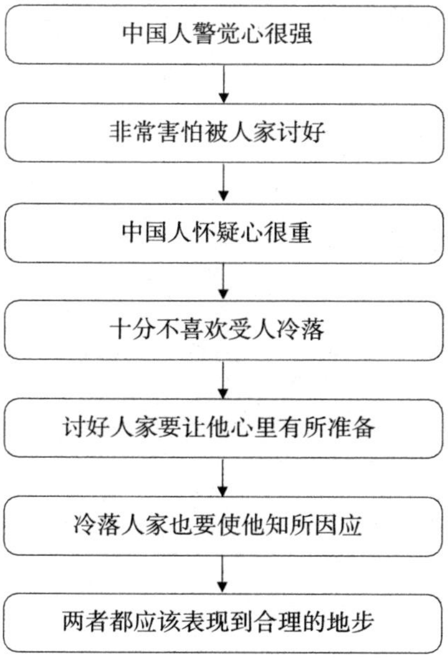

图 16–5　合理才能收到效果

全世界的人都有情绪高低的起伏，然而，中国人由于弹性大，变动空间较大，以致起伏得最为明显。

讨好人家，必须学会一套“讨好到让对方觉得好像没有讨好一样”，所以常说“我不必当面奉承您老，我这是说真心话”。让对方心理上做好准备，再来奉承他，比较容易被接受。尊敬而不存心讨好，应该是上策。

冷落他人，必须冷落得让对方觉得有道理，目的在于“让他自行反省、检讨为什么受到这样的冷落，而设法及时补救”，以挽回当前受冷落的不利局势。同时，冷落他人的人也应该在对方做出适当响应后，及时调整自己的态度，才算合理。喜欢被讨好，固然是不正常的心态；片面责怪他人冷落自己，也是不知自我检讨的恶果。我们一方面不要讨好别人，另一方面却应该常常反省为什么受冷落。

遇有矛盾设法把它化解

阴阳消长的道理，使得中国人产生许多矛盾的心态。他们一方面爱管别人，随时以“此事由我掌管”“此处我是主管”来吓唬人；另一方面却又不喜欢被人家管，满脑子“你凭什么管我”“不要你管”“主管又怎么样”，而有意无意，要把管他的人活活气死。

我们认为天大地大人亦大，因而相当自大，却又为了“人比人，气死人”而十分自卑，总觉得自己不如别人，至少没有别人运气那么好。

自己含糊却喜欢指责别人不够清楚；既害怕被讨好，又不愿意受到人家的冷落。这些常见的矛盾心态，中国人必须善于自己化解。不要使矛盾对立、冲突，设法使它们获得合理的化解，才是我们最高的一种智慧，如图 16–6 所示。

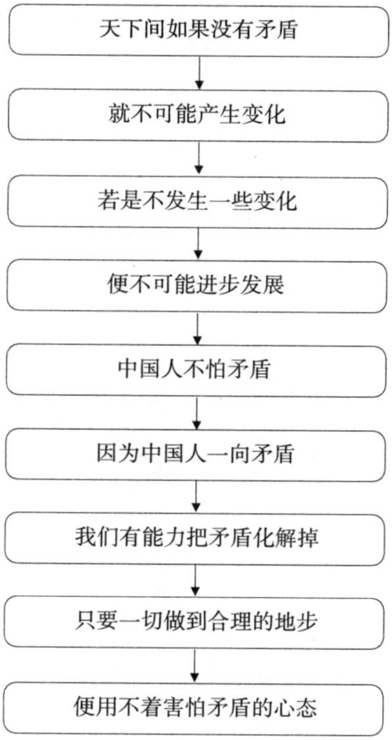

图 16–6　化解矛盾是一种智慧

“合理化”便是化解矛盾的良药，只要时时不忘做到合理的程度，任何矛盾都将顺利化解。不但不是缺点，反而是自我提升的最佳助力。在矛盾当中磨炼自己的拿捏功夫，使自己有把握在变动的情况下，及时找到合理的平衡点，能够相当程度地维持动态均衡，就不用害怕矛盾的心态了。一切都在变动之中，当然是动态。在变动中保持均衡，称为动态中的均衡。中国人把这种情况叫作合理，所以合理本身也是动态的，变动而不固定。

点睛之笔

很多人发现中国人具有矛盾的心态，便想办法要以“二选一”的方式，引导其走向看起来比较善良的一端。这种思考方式不适合中国人。“二选一”的基本原则，不可能改变中国人的矛盾心态。二选一充其量只能引导中国人在不牵涉个人利害关系时，口头上说一些近乎西方式的道理，无法在心理上真正生根打好基础，所以一旦牵涉个人利害，中国人仍然显示出根深蒂固的矛盾心态。

有矛盾才会产生变化，有变化才可能进步。中国人的矛盾心态，其实也是善于应变、方便调整的一种动力。中国人常说“将心比心”，便是“自己具有矛盾的心态，别人同样也具有矛盾的心态”，如果只按照自己的矛盾心态来处事待人，难免和别人对立、冲突而不能和谐愉快，必须兼顾他人的处境和心情，才能够化解彼此的矛盾，在和谐中寻找出合理的平衡点。

先明了自己矛盾的原因，就比较容易接受别人的矛盾。了解别人同样具有如此的矛盾心态，也比较容易克制自己的矛盾。这样一来，比较容易以合理为标准，来约束自己的矛盾心态，也就是使自己的行为表现拿捏到恰到好处的地步。中庸之道，这时候便具体地在言行之中表现出来，必能收到和谐愉快的效果。

第十七章
中国人的心灵状态

中国人并不在乎自由不自由，因为我们自古以来，便十分自由。只要“不理会”，马上获得无比的自由，因此在自由之中，必须讲求伦理，以资节制。伦理讲究长幼有序，但是有本事的人应该做主，不过谁有本事，谁没有本事，必须由大家来决定。民主其实并不是一切都由人民当家做主，我们应该把有本事的人推出来，让他来做主。凡是与人有关的事情，基本上都相当主观，就算科学与人无关，也不可能完全纯客观。中国人的心灵，以“人”为主，以人为中心，所以天地为人而设，任何事情都和人有关。

随时随地都十分自由

如果说："自由就是在法律许可的范围内，不受他人干涉的权利，包括身体、居住、言论、集会、结社、信教等项目，都可以自己选择或活动。"这是西方式的答案，用来应付考试应该没有问题。

但是，这并不代表中国人的观点。我们所认定的"自由"，应该说是"闲适而不受拘束"，好像"爱怎么样便可以怎么样"，谁也管不着，谁也管不了。

在皇帝专制、独裁、暴虐无道的时代，中国人只要关起门来，不让外人看到或听到，照样可以"天高皇帝远"，自由自在，丝毫不受到拘束。甚至大骂昏君，诅咒一番，都闲适之至。因为他可以不出一声，在自己的肚子里叽里咕噜，谁都限制不了这种自由。

自古迄今，中国人都十分自由。随时随地都很自由，使得中国人对"自由"不觉得珍贵，也不加以重视。对于西方人"不自由，毋宁死"的说法，实在不是很理解，不过是口头上跟着喊喊罢了。

我们最好明白：中国人已经太自由，不必再跟中国人说什么自由的权利，否则自由过度，势必带来乱糟糟的恶果。我们所讲求的，应该是自在，也就是“不管什么情况，都觉得十分自由”。这种没有条件的自由，恐怕只有中国人才有资格享受，可惜现代中国人，并不明白。其要点如图 17–1 所示。

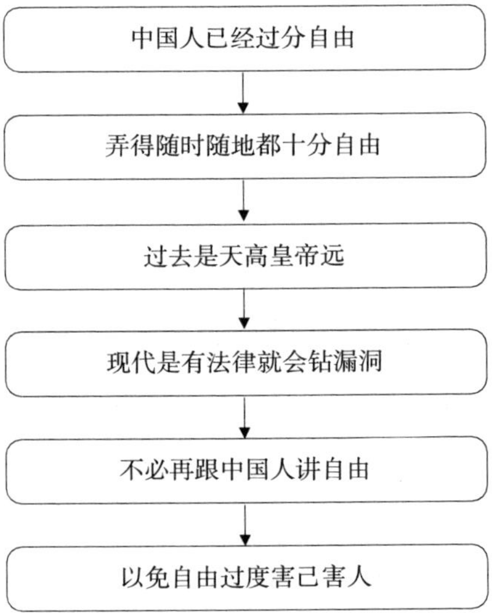

图 17–1　不能够太自由

自由之中要讲求伦理

用“freedom”来翻译“自由”，并不妥当，反而使中国人更加误解自由，以为“无法无天”才叫作自由。

“Liberty”比较接近我们所需要的自由，但是一旦翻译成“自由”，又会产生一些误解，以为漫无限制。

最好把“liberty”翻译成“伦理”，因为中国人的伦理，基本上和西方的“ethic”相去颇远。

由于这些翻译上的偏差，使得中西文化沟通时，产生很多难以克服的障碍。自由过分，所以中国人必须讲求“伦理”。若是伦理松弛，中国人就会自由得过了头而无法无天。伦理就是通俗所说的“不可以没大没小”，西方人用“法律”“宗教”来加以规范，中国人则喜欢以“道德”来互相约束。在中国社会，伦理也不是固定不变的，它随时、地、人、事而变动。

大小的关系，平时当然是固定的，然而特殊情况之下，照样可以变动。从这个观点来看，中国历史并没有像西方那样“封建”，我们只是“宗法”。

伦理可以说是“合理的自由”，意思是“不可给大家过分自由，应该加以适度的制约”。只有合理的自由，彼此才有伦理关系，大家才能够相安无事而又相处和谐愉快。伦理说穿了就是“有大有小”。各人所拥有的自由限度，实际上并不一样，所以人比人常常气死人。见人先分大小，只要合理，有什么不可以？其要点如图 17–2 所示。

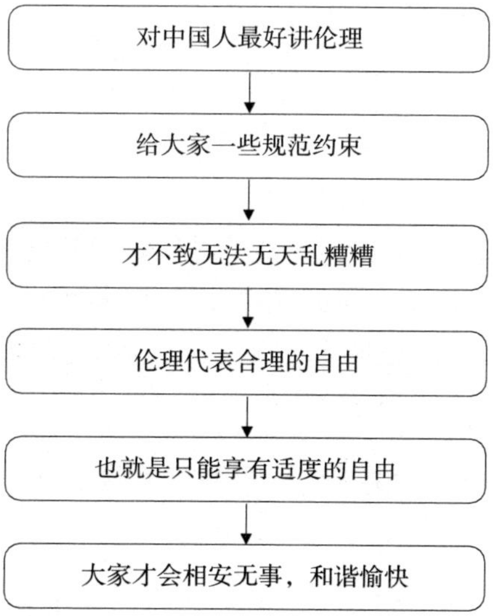

图 17–2　伦理带来合理的自由

与人有关的事都主观

人难免主观，很难做到完全客观。

若是有人认为自己很客观，我们就会暗地里笑他："这个人居然主观到认为自己很客观。"

人原本是宇宙万物的一种，但是人为了提高自己的地位，增强自己的责任，才把自己从物当中提出来，使人和物有所区别。这种做法已经相当主观。

"人"和"物"的交集，叫作"事"。所有的事情，不但和"物"有关，而且也和"人"有关。

人是相当主观的，与人有关的事，也相当主观，如图 17–3 所示。

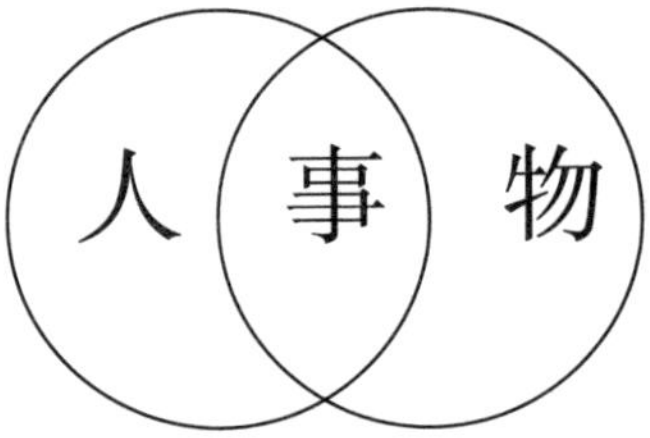

图 17–3　不必讳言有主观的成分

中国人不太相信"对人不对事"，因为"离开人，好像就没有事"，凡事都是人做出来的，有人才会有事，怎么能够对人不对事呢?

学问为人而设，人必须对学问负责。现代主张学术中立，首先便否认"人为万物之灵"，极力要把人的地位向下拉，拉到和动物一般高低，影响所及，现代人也愈来愈像动物，愈来愈不像人了。

人生在天地之间，一方面顺应天地，一方面改造天地，哪里是一般动物所能比拟的？中国人只会把动物提高到人的位阶，怎么可以把人贬低到动物的层次?

与人有关便不可能不主观。中国人对事，特别小心不能主观行事。但是对人，由于平日互动，已经留下若干印象，不可能不主观。就算初次见面，也由于第一印象的好坏，而产生某种主观的判断，事实上很难避免。

科学也不可能纯客观

把“science”翻译成“科学”，也是十分可笑的事情。“science”应该是“学问”，而“科学”不过是“学问”的一种，怎么可以用“科学”来概括“science”？

学问除了科学之外，还应该有哲学、神学，现在把“science”翻译成科学，很容易造成“除了科学以外，其他的都不算学问”的错觉，产生“唯科学主义”“科学万能”的偏差观念。

科学对人类而言非常重要。但是科学并不能解决宇宙人生的所有问题，所以除了科学之外，人类仍然需要神学和哲学。因为神学、哲学和科学一样，都是在解决宇宙人生的问题。

研究科学的人，往往认为自己很客观。“这是我亲自试验得到的结果”，都没有想到“实验本身可能有一些错误”。学科学的人，实际上相当主观，如图 17–4 所示。

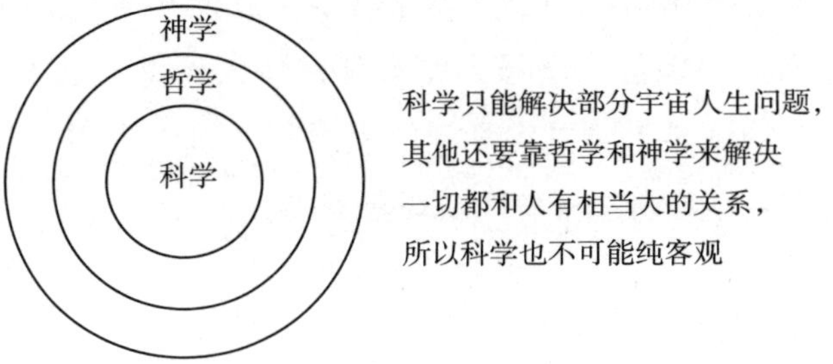

图 17–4　科学也有一些主观

科学是人开发出来的学问之一，和人有密切关系，所以也不可能纯客观。至少科学应该建立在“为人类造福”的基础上，才不致像现代这样“科学一方面带给人类很大的好处，另一方面却带给人类极大的威胁”，将来威胁人类的，恐怕还是科技，这就是科学中立化所造成的最大恶果。中国人常常把科学弄得相当艺术化、人性化，其实是为了减少科技的灾害。近四百年来西方人盲目发展科技，已经造成了非常严重的恶果。反观中国人对科技的作风，似乎更符合人类的需求，把科技发展得有利而无弊。

点睛之笔

对中国人最好少说“自由”，多说“伦理”，因为中国人自古以来，已经拥有太多的自由，再强调自由，恐怕会造成无法无天的乱象。伦理其实就是“合理的自由”，也就是有限制的自由。我们只能拥有合理的自由，不容许自由超过应有的限度，彼此之间才可能和谐愉快。中国人已经具有随时随地都十分自由的能力，必须加以合理的限制，才能兼顾到彼此之间的平等。

中国人承认人本来就相当主观，用意在尽量客观以避免过分主观。同时“站在主观的立场来讨论客观的事实”，也比较符合谦虚的原则。不像现代科学家强调科学中立，非常客观，反而弄得十分主观而不自知。为了提高人的地位，增强人的责任，使人不得不居于万物之灵，难道这种主观的认定，会妨害学问的发展吗？以人为中心，只要促使其更加广泛地关心万物，一样可以均衡发展。

第十八章
中国人的衡量标准

《易经》中的八卦代表全方位、大格局，促使中国人喜欢从整体看，顾全大局。我们不喜欢采取单一的衡量标准，常常以多重标准来寻求合理的平衡点。对内对外，必须兼顾并重，过去现在未来，其实也应该拉来扯去。有时候我们对外人表现得特别客气，但是有些事情，我们对自己人更为宽厚。中国人看起来亲疏有别不公平，其实我们是长期性、综合性衡量，力求平等。为什么日久见人心，路遥知马力？因为短期内的衡量往往难以了解真正的实力。

不喜欢单一的衡量标准

我们原本不喜欢单一薪俸制，因为它太呆板、缺乏弹性，不能适应个别差异的实际需求。但是，由于西方的管理把人通通当成“平均人”，以致形成表面上公平，实质上并不合理的单一薪俸制。我们盲目学习他人，实施单一薪俸制以来，逐渐丧失了自己的衡量标准。由多项而单一，难怪失去应有的激励性。

回想过去多项目薪俸的时代，大家比来比去，甲在某些项目增加得比乙多，乙在某些项目又增加得比甲多。说一样嘛，当然不一样；说不一样嘛，又差不多一样。这种同中有异、异中有同的花样，使大家获得若干乐趣，也得到一些激励，下决心在落后的项目上急起直追，以求全面性地超前，那时候才够神气。

多项目当中，有些领先有些落后，谁也用不着骄傲，谁也不必沮丧。这一方面符合中国人不服输的习性，另一方面也适合中国人暗地里比拼的特性，既不惹人眼红，遭人打击，又能够激励自己，更加奋发向上，如图 18–1 所示。

现在采用单一制度，不比则已，一比之下，胜负马上见分明，不

图 18–1　单一衡量标准缺乏弹性

是没有面子，便是得意扬扬。要中国人不比来比去，实际上比登天还难。任怎么规定“领多少钱不要告诉别人”，严格规定“打听别人的薪俸必须受罚”，或者宣称“告诉别人及向他人打听薪俸数目都是无耻的行为”，中国人照比不误，不比也照样知道谁多谁少，弄得气氛十分不好。没有面子的怀恨、埋怨而不努力；得意扬扬的遭受明枪暗箭，也是防不胜防，结果对大家都没有好处。最好的办法，仍然是取消单一薪俸制，东一些，西一点，大家看不清楚，也比不明白。就算心中有数，至少也保留一些面子。说透明却不怎么透明，其实最妙！

多重标准以寻求合理点

中国人的衡量标准，喜欢多项目、多变化，以符合多重标准的习性。本来嘛，人、时、地、事、物都不完全相同，怎么可以使用同一标准，又怎么能够采用单一标准呢？同一而又单一，就中国人而言，简直就是不标准。勉强实施起来，大家的反应只有一种：不公平。

同一个人，在某些项目比较进步，某些项目比较维持现状，而某些项目又似乎比较退步，是不是更合乎实际的情况？同一件事，由不同的人来处理，就算结果相同，是不是应该获得相同的报酬和奖励，实在也有争议。

中国人的衡量艺术，表现在“先综合性地加以衡量，给他一个总分，再分析性地在多项目当中取长补短，以要求合理的分配”。分中有合，合中有分，打出来的分数，大家比较容易接受。具体如图 18–2 所示。

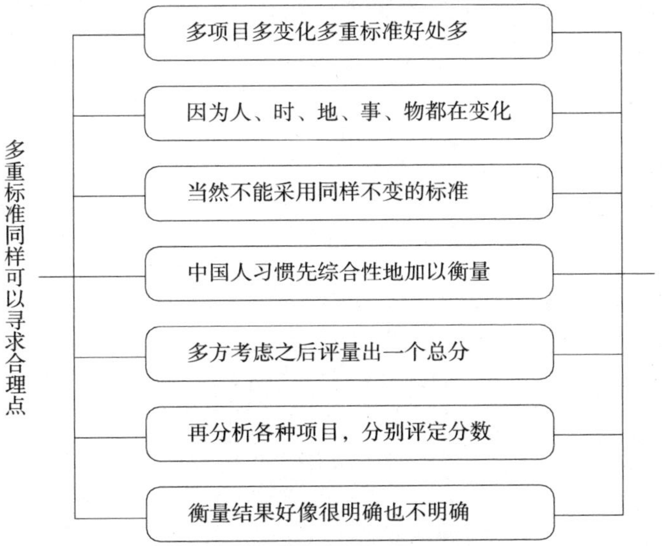

图 18–2　取长补短弹性大

拉来扯去，取长补短，大家比较搞不清楚，也比较有面子：“我在这个项目上，得分比不过你，但是在别的项目上，照样可以赢过你。”

这种“不输也不赢”的结局，比较符合中国人的需求，也更加容易维持和谐的气氛。

实在表现杰出的，大家大多会认可；真正表现得特别差劲的，大家也心中有数。至于大部分差不到哪里去的人，为什么不采取多项目评量来拉来扯去，使大家更有面子呢？表现杰出和特别差劲的，毕竟是少数。为了这些少数人的权益或惩罚，弄得大多数中间分子没有面子，完全是一种不明智的措施，到底有什么好处？

有时候对外人比较客气

在多项目、多重标准的衡量下，中国人有时候对外人比较客气，有时候则对外人更加挑剔，如图 18–3 所示。

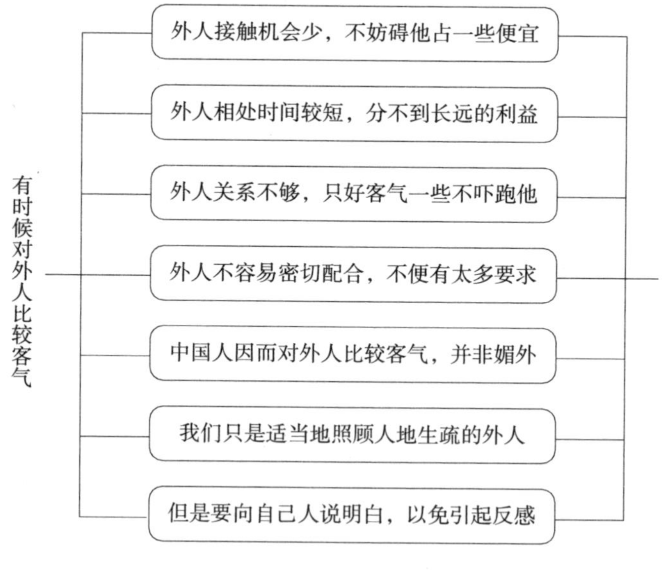

图 18–3　亲疏有所分别

我们的想法当然是亲疏有别，应该采取不一样的因应方式。但是，事实上，我们对外人通常比较客气。分析起来，其主要原因，有如下几个方面：

第一，与外人接触的机会比较少，偶尔一两次，让他占一点便宜，有什么关系？用小便宜来换取良好的印象，代价并不大，而收获相当大，何乐不为？

第二，外人不可能一辈子跟我们在一起，将来的丰硕成果，很难得到应有的一份。现在看起来，好像让他占便宜，其实长远计算起来，他还是吃亏的。

第三，对自己人不客气，实际上有吓唬外人的用意。自己人关系牢固，经得起吓唬；外人毕竟是外人，如果不对他客气一些，经不起吓唬，一下子跑掉了，怎么办？

还有外人对我们比较不了解，不容易做出更为密切的配合，我们对外人的要求，自然比较客气。自己人就不同了，再不密切配合，岂不成了故意捣蛋？这当然不能容许。

中国人有时候对外人比较客气，以致引起自己人的不满。这时候需要加以解释，使其明白原委而谅解。

有些事对自己人更宽厚

对外人有时候客气，有时候挑剔。对自己人何尝不是如此？有些事情对自己人更为宽厚，有些事情却对自己人更加严苛。

但是，一般而言，我们对自己人通常都表现得更为宽厚，理由是“胳臂向内弯”“不照顾自己人，难道眼睁睁看着肥水向外流？”，具体如图 18–4 所示。

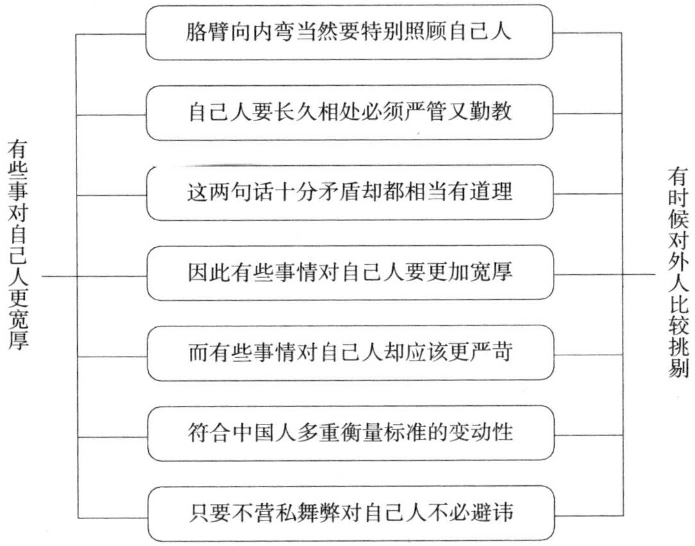

图 18-4　肥水不流外人田

自己人要长久相处，不像外人那样，动不动便要离开。照顾自己人，长远看起来，无论如何，都对自己比较有利。只有自己人，才会互相照顾，趁现在有办法的时候，多多照顾自己人，万一将来不幸没有办法，自己人才会反过来照顾自己，同样对自己很有助益。

再说，自己人关系不同，比较容易商量，也比较方便启齿。对自己人宽厚一些，需要时请他帮忙，同样也可以得到更为积极的响应。

中国人常常理直气壮地说："只要不营私舞弊，内举何必避亲？""一切秉公处理，自己人更靠得住。"

可惜一旦重用自己人，营私舞弊便因而出现。对自己人更加宽厚，也会引起外人的不满与抗拒。甚至于自己人有恃无恐，反而为非作歹，害苦了特别照顾自己的人。

有些事对自己人更为宽厚，先决条件是"公正无私"，听起来似乎矛盾，公正无私怎么可能对自己人更宽厚？其实不然，我们有些时候对外人比较客气，便是为了有些事对自己人更加宽厚。只要运用得合理，外人、自己人，俱喜欢，当然可行。自己人和外人各有不同的需求，按照各人的实际需求，给以合理的待遇，当然是最好的方式。公正无私的结果，也可能彼此不一致，并无不可。

看起来亲疏有别不公平

中国人的伦理观念，使我们“亲疏有别”，对待自己人和外人永远有一些差别。初看起来，好像很不公平，实际上是我们懂得“有时对外人较为客气，有些事则对自己人更为宽厚”的道理。这是取长补短，仍然可以获得“合理不公平”的效果。只要合理，不公平也是大家乐于接受的。具体如图 18–5 所示。

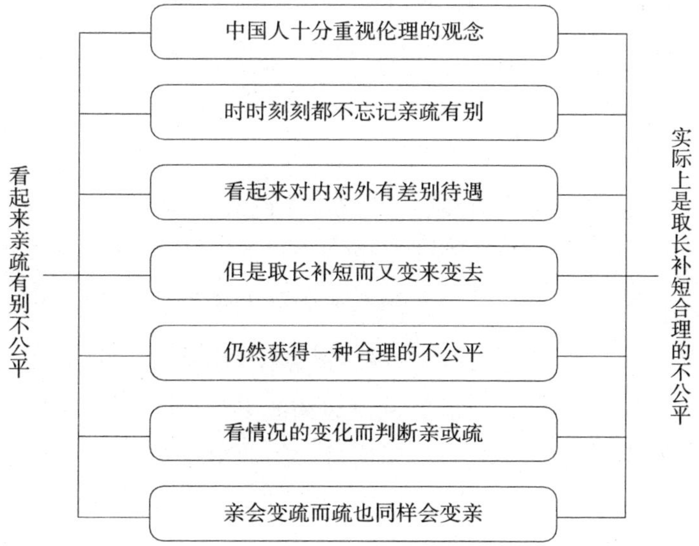

图 18–5　合理的不公平

合理的不公平，表示真正的平等。不合理的公平，反而是假平等，表面上一样，实际上不平等。

自己人相处的时间比较长久，拉来扯去的机会比较多，取长补短的程度也比较深。外人相处的时间往往比较短暂，拉来扯去的机会比较少，而取长补短的程度也由于关系不够深，相对比较浅近。这样比较起来，自然明白中国人对外人是一套衡量标准，对自己人另有一套衡量标准的道理。各有不同的标准，当然也是一种标准。同样的关系，由于时空变化，其衡量标准也不一样。平常对自己人好一些，紧急时对自己人凶一些；平时对外人要求多些，紧急时对外人的要求反而少一些。这种种变化，都有其实际的判断因素，并非任意变动，毫无章法。可见中国人的亲疏有别，运作起来，也是千变万化，不能固定不变的。“看着办！”“看情况衡量！”“依情势变化而变更衡量标准！”对中国人而言，都有其必要，也都有其道理。反正时空变动，我们的评量标准就应该随着改变，做到以不变应万变，才能时时表现得合理，达到时中的要求。万变不离其宗，当然不是任意变动的乱变。

注重长期性与综合性的平等

中国人知道“人一生下来就不平等”的道理，却有心使人愈来愈趋于平等。我们所追求的是一种“长期性与综合性”的平等，必须从长远看，才能充分理解，如图 18–6 所示。

具有深厚潜力的人值得长期培养，因此对他要特别有耐心，有时候也要特别宽厚。因为种种优惠条件都是为了最终的回收。虽然时间稍微长一些，仍然十分值得。

现在有能力、有表现，也有贡献的人，由于潜能有限，充其量不

图 18–6　长期综合判断

过如此。长远计算起来，将来反而成为一种累赘、一种负担。因此稍微有过失，马上给予他颜色，丝毫不予宽待。这两种衡量标准，显然不一致。但是从长期性与综合性的观点来看，则相当一致而不矛盾。

人生是长期竞赛，不可因为短暂的得失而评估其优劣。中国人常说“盖棺定论”，即是死亡之前，人人都有改变的机会与可能。我们注重长期性的衡量，是对人最大的激励，只要跑到终点，早一点晚一点其实没有太大的差别。我们注重综合性的平等，也是对人的一种期待，希望大家互相鼓励，彼此学习，共同发展以求互补，有利于整体的进步。长期性的激励与综合性的鼓励，乃是中国人不折不挠、见贤思齐的原动力。但是没想到西风东渐，把原本良好的衡量标准都废掉了，改采用不合人性、毫无激励的方式，值得反省。短期衡量原本是西方人不得已的做法，并不是良策，却被我们用来取代原本更为优良的长期衡量，应该是知识分子媚外的一种具体证明。

点睛之笔

中国人的衡量标准，站在“让大家都有面子”的“圆满”立场，不喜欢让大家一比之下，马上高低分明，能干的人觉得十分得意而使别人没有面子。同时也鼓励某些方面稍有落后的人，鼓起勇气力求改进。我们采取长期性的观点，激励大家从事长期竞赛而不要中途放弃。我们注重综合性的观点，鼓励大家见贤思齐，学习别人的长处以提升自我。这种合乎人性的激励性衡量标准，值得早日恢复使用。

出于伦理观念，中国人讲求“亲疏有别”，只要“公正无私”，当然可以对外人和自己人不一样。何况中国人对外人和自己人有时也是变动的，外人可以变成自己人，甚至于比自己人还要亲。自己人也可能变成外人，甚至于比外人更加生疏可怕。可见公正无私和亲疏有别并无矛盾，可以并行不悖。

现代通行的单一衡量标准，具有西方奥林匹克式胜负分明、高低立判的色彩，对中国人来说，不但丧失了激励性，而且容易引起中国人因没有面子而产生不满与抱怨。实际上单一衡量标准只适用于一时一事，例如赛跑或赛球。就算如此，中国人也常常很不服气。何况一段时间内发生许多事情，怎么能够采用单一衡量标准来加以衡量呢？难怪每次评核，都会带来或多或少的伤害。

第十九章

中国人的判断标准

中国人的良心，表现在为子孙设想上。千万不能留下坏榜样，以免祸延子孙。凡事妥当性必须大于真实性，所以对事实的叙述大多有出入。和合性应该大于分别性，亦即合大于分，因为合比较容易维持大家喜欢的和谐性。合理性的层次高于合法性，也就是理大于法，中国人因合理而接受的可能性大于因合法而接受。妥当大于事实，合大于分，理大于法，成为中国人判断标准的三大原则，自古亦然。现代中国人依然秉持这三个准则，并没有改变，只是自己不了解，找不出判断标准，显得很无奈。

妥当性往往大于真实性

“我的朋友搬家，我去贺他乔迁之喜，发现他的新家无论在格局方面或者在装潢方面，都比你这里好得多。”

玛丽所说的话，尽管每一句都十分真实，老李却无论如何听不入耳。就算玛丽的结论是“我已经替你买了一层，希望你早日搬过去”，由于自尊心受损，老李还是觉得不舒服。一般人把这种话称为率直的话，却没有注意到它的不妥当性。伤害听者的感情，让听的人没有面子，基本上是不尊重的表现，也就是心目中根本没有听者的存在，难怪听的人常常很不高兴。人当然应该说真话，可惜有很多真话是不能说的。

中国人不喜欢欺骗，因为说谎绝对不是好事。然而，我们也不喜欢说实在话，因为每一次据实直说，大多没有好结果。不是当面受到指责，便是看到不好的脸色，常常让自己难过老半天。人家脸色不好看，是在提醒我们，怎么能这样说呢？

依中国人的观点，我们在叙述一件事实时，会仔细比较它的“妥当性”和“真实性”，看看哪一项比较重要而有所取舍。除非故意惹听者生气，否则我们大多选择妥当性，也就是把事实稍加粉饰或隐瞒，叙述得妥当一些。具体如图 19–1 所示。

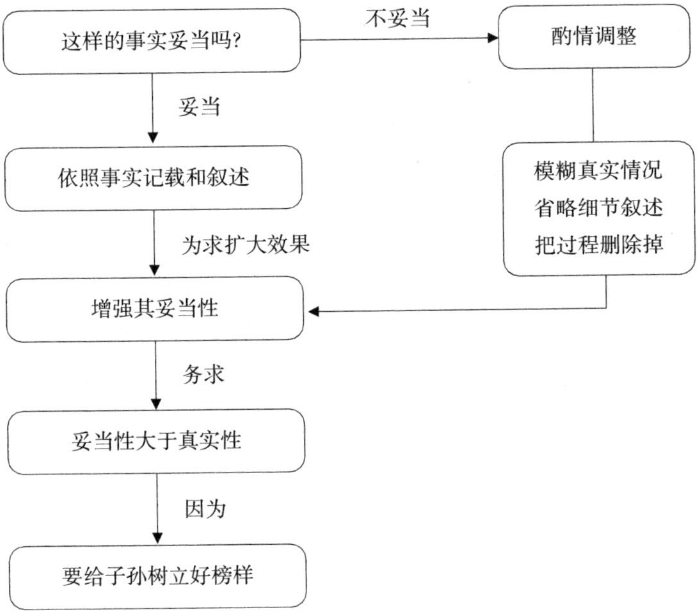

图 19–1　叙述得很妥当

我们认为一句话要说得让对方听得进去，才能产生效果，不然的话，再真实也没有用。记载一件史实也必须要让妥当性大于真实性，才不致为后人立下坏榜样，以免愧对子孙。说妥当话，把事情记载得妥当一些，也许不完全符合事实，但是产生积极的启示，对大多数人而言，应该更为重要。

虚安和诚信并没有关系

将事实省略、模糊，甚至删改，固然有助妥当性的增强，让后代人有学习的好榜样，但会不会有歪曲事实，损害后代人知情权的麻烦呢？

这个用不着担心，因为中国是“没有秘密”的，我们再怎样严刑峻法，事实总是会流传下去的。有正史，必然有野史，完全符合中国人“一件事实，各自表述”的民族性。

事实永远是事实，谁也隐瞒不了，更是谁也更改不了。但是，把它说得好听一些，美好一些，妥当一些，不是更具有教育性，更符合道德要求吗？

一般人相信正史就相当满足，何必让他知道那些比较不妥当的事实，增加他的苦恼或困惑？若是正史不足以满足需求，他自然会去寻找野史，为什么要急于一并展现？具体如图 19–2 所示。

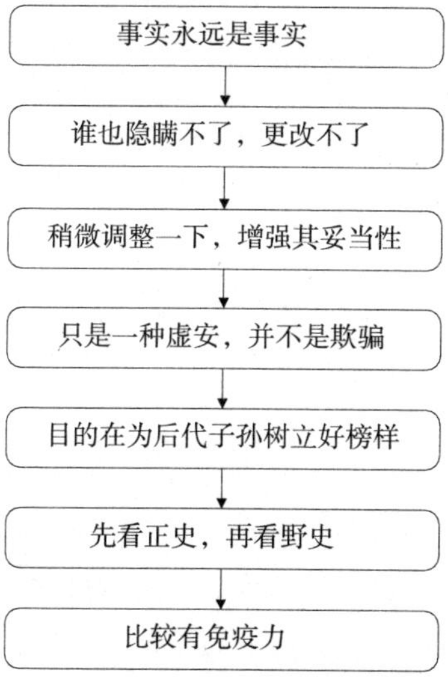

图 19–2　正史和野史并重

妥当性大于事实性，是出于不愿意教坏后代的考虑，不必要让不同时空的人来承担难以了解的事实。这是一种“虚安”，绝对不等于“欺骗”，所以和“诚信”扯不上任何关系。叙述事实有所出入，目的不在骗人而是求其妥当。

先让大家知道正当的道理，大家才会照着去实施，对于不正当的道理，也能产生若干免疫力。如果先接触不正当的道理，由于先入为主，很不容易回过头来接受正当的道理。道理要分级，先看懂普遍级的，再来探讨辅导级和限制级的，比较妥当。

和合性常常大于分别性

西方人说话，喜欢说“这是我个人的意见”，表示分别性大于和合性。中国人如果也这样说，就会引起很多人的不愉快。嘴巴不明白说出来，心里却想着“什么时候轮到你发表意见了，我看还早呢！一点也不自量力！”

我们喜欢说“这是我们大家的想法”，尽管只有自己这样想，也要把大家一起拖下去，比较够分量。因为中国人的和合性，经常大于分别性。也就是说，在“分大于合”和“合大于分”之中，我们比较重视“合大于分”。

对中国人来说，我们都知道男女有分、长幼有别。但是，如果站在合的立场来分，可能分得比较合理。若是站在分的立场来分，很可能为分而分，分出很多不合理的东西，反而引起不必要的争执，增加彼此的麻烦。

中国人说天的时候，多半包含地在内，以天来代表天地。我们说男的时候，同样可以包含女在内，以男来代表男女。不需要像西方人那样，把一切都分得十分清楚。

聪明的人多说“我们”少说“我”，不但能够建立更多良好的人际关系，而且会减少很多反感，增加很多助力。

凡事先说明和合的好处，再陈述分别的利益，大家都听得入耳。

一开始就站在个别的立场，分析不同的好处，很多人根本听不进去。说了半天，也不见得有效果。

中国人主张妥当性大于真实性、和合性大于分别性，都是为子孙着想，和生生不息的理想有十分密切的关系。只要用心体会，很容易明白其中的苦心，而深为赞佩。如图 19–3 所示。

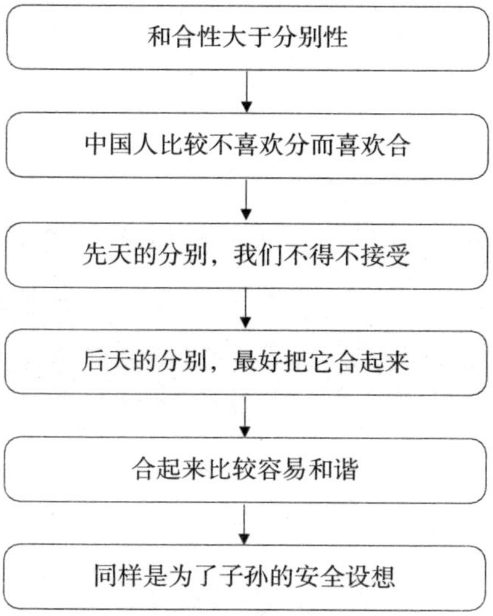

图 19–3　把分别和合起来

合中有分容易维持和谐

合中有分，表示在团体中尊重不同的个体。就中国历史来看，钱穆先生已经看出“分”是变，“合”才是常。天下固然分久必合、合久必分，然而分的时间较短，而合的时间比较长。中国人比较重视和谐，因此主张合大于分。分的时候，大多尽量求合；合的时候，则力求不要分，也就是万不得已才会想到分，勉强地分。

西方历史分的时间较长，而合的时间较短。美国当然是一个国家，但是联邦内的各州，仍旧具有相当大的分别性。现代中国人不了解自己的判断标准，盲目拿西方的分当作常规，实在是缺乏自知之明。

“地球村”应该以和谐为重，否则根本整合不起来。中国人“合中有分”及“合大于分”的概念，必将成为“地球村”所需要的判断标准。因为“地球村”含有各种不同的文化，必须让它们充分发展而又能够彼此和谐共处。未来世界各国，可以平等，却不能完全独立，不顾其他国家的立场。唯有如此，才有可能组成真正和合的“地球村”。

要在和合的“地球村”中，充分尊重各种文化的差异性，只有这种合中有分、合大于分的环境，才有实现的可能。凡事站在全体人类的立场，实际上仍嫌不够。应该更加扩大，站在宇宙所有生灵的立场，建立一种和谐的共生关系，这才是现代人应有的合大于分的具体表现，如图 19–4 所示。

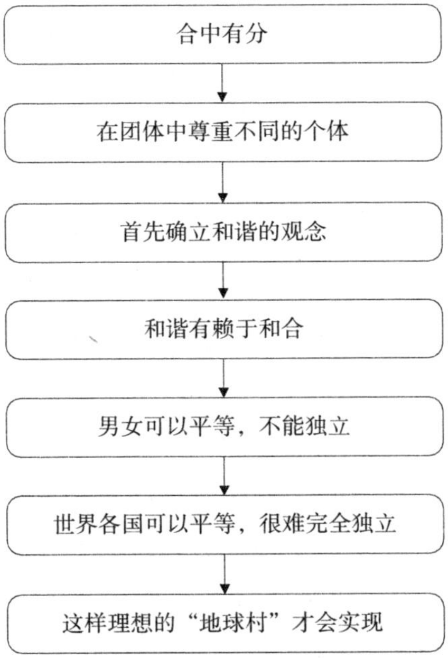

图 19–4　合中有分才是理想的“地球村”

合理性层次高于合法性

长久以来，我们都被误导了，认为中国人不重视法，只看重情；说什么中国人缺少守法的精神，没有守法的习惯。

实际上，中国人自幼就被父母教导：做人要规规矩矩，做人要实实在在。这些守法重法的教诲，难道只是说着玩儿的？

我们只是认为谈法伤感情，中国人的法，是放在肚子里当作腹案用的，并不适合用嘴巴说出来。我们腹中有法，心中有理，而口中所说的大多是情。情在口里，理在心中，法在腹里，构成了情、理、法的完整系统。理在情和法之中，情和法的最后目的，无非都在讲理，也就是分别通过情或法来求得合理的平衡点。只要合理，中国人就很容易接受。就算不合法，我们也会认为是这样的法根本不合理。

由于法的制定，必须经过一定的程序，通常要有一段时间才能够完成。法令公布之后，已经产生很多变量，往往不能切合时宜。若是加以修订，同样需要一段时间，显得十分僵化。其实中国人很重视法，只是觉得法很难兼顾特殊性，常常引起当事人的不服，所以才提升到理的层次。

理从法中提炼出来，代表法所依据的理层次比法高，具有一定的灵活性，可以兼顾人、事、时、地、物的变量，坚定了中国人“合理比合法更重要”的信念。

可怕的是，我们常常把原本不合法的事情，设法加以合理化，以致本末倒置，破坏了合理性的真正美意。

合理性的寻求，只能够在法律许可的范围内，做一番衡情论理的推演，然后找出此时此地的合理点。不能够任意逾越法律的限度，令人觉得目无法纪。更不应该认为法不责众，大家一起违法便用不着担心害怕。

一般说起来，中国人重视法纪，却不喜欢法治。我们把它逐次提升为礼治和德治，并不以法治为满足。具体如图 19–5 所示。

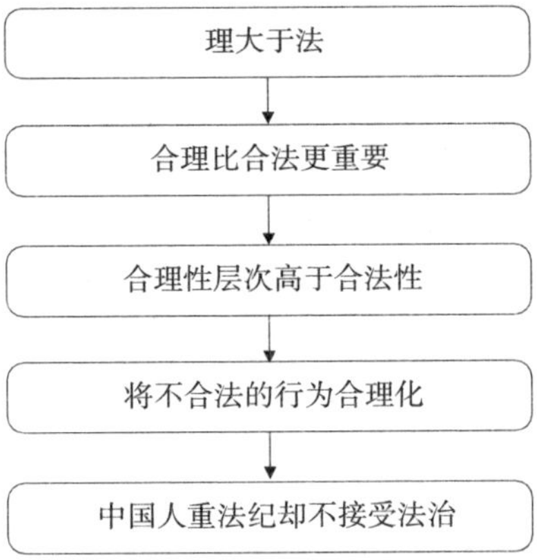

图 19–5　理的层次比法高

我们只能接受合理的法

中国人十分重视法纪，因为“法”代表“规矩”，而“没有规矩不成方圆”，一直是中国人重视的观念，可见中国人不但守规矩，而且重法纪。

不过，中国人的标准高一些，要求多一些。我们只遵守合理的规矩，不遵守不合理的规矩；只接受合理的法，不接受不合理的法。具体如图 19–6 所示。

最妙的是，合理不合理是变动的，而不是固定的。有人因“秘密投票不合理”而故意亮票，有人却由于“违反秘密投票的精神不合理”而提出抗议。中国社会的复杂性，一方面来自“理不易明”，道理很难说，不容易说得清楚明白；另一方面则因为“理会变动”，道理随时空而产生变化。偏偏中国人最讲道理，认为“理是活的，法是死的”，而

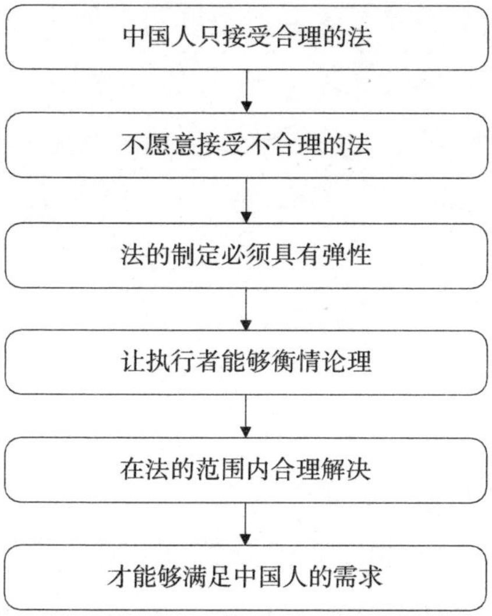

图 19-6　不接受不合理的法

坚持“理大于法”，以致看起来不重视法纪、不守规矩也不重法律的规定。

现代中国人迷失了自我，法对自己有利时，坚持依法办理，法对自己不利时，又强调依理解决。这种投机取巧的心态是中国人最为鄙视的行径。依法办事可能产生“只要合法，不必凭良心”的恶果。合理解决，则应该秉持“站在合法的范围内衡情论理”，合情合理才是“凭良心寻求合理点”的发扬。更重要的则是立法者要制定合理的法。不过，我们并不反对行政官员强调依法办理，因为不这样说，要叫他们怎么说才好？我们只希望大家不必当真，仍然合理处置比较妥当。

点睛之笔

中国人重视子孙的幸福，不愿意为子孙留下坏印象。然而，人非圣贤，孰能无过？因此，在记载事实时，往往出于妥当性大于真实性的考虑，有所隐瞒或调整，这并不是欺骗，而是一种虚安。因为有正史必有野史，真相照样会流传下去。只是中国人的判断标准第一种是“妥当性优先于真实性”。正史写一些妥当的发展，野史记载一切真实的故事，阴阳配合，同样可以满足后代子孙的知情权。

中国人的第二种判断标准，是“和合性大于分别性”。和合性比较能够带来和谐的效果，所以优先于分别性。分别性当然也是必要的，不过合中有分会比只分不合好些。这种考虑，同样是为了谋求子孙的幸福，使他们享受合中有分的好处，不必承受分而不能合的苦楚。

第三种判断标准是“理大于法”“合理重于合法”，亦即“理的层次高于法的层次”。因为中国人十分重视法纪，都只接受合理的法，不愿意接受不合理的法。因此立法时要预留法的弹性空间，执法时才能在法的许可范围内衡情论理，然后依理解决，使大家心服口服。理是活的，法是死的，特别在变动的环境中，依理解决应该优先于合法处置。尤其要防止的是，不可只问合法而不凭良心，以免假借合法的途径来从事违背良心的事情。

第二十章
中国人的基本态度

中国人看起来含含糊糊、马马虎虎，其实是从含含糊糊中找出清清楚楚的答案。任何事情都要区分层次，依层次性来考虑。层次低的，争一下无所谓；层次高就要以让代争。层次性以外，中国人更重视消长性。此消彼长，互动消长致使中国人喜欢拉拉扯扯。只要心甘情愿，中国人也会自愿地长相左右。这种乐于“抬轿”的精神，是中国人的美德。乍看之下，中国人赌性很强，随时在下赌注。实际上，中国人是以趋吉避凶的态度寻求合理点的。

习惯于含含糊糊中找出明朗的答案

有些身为干部的人，经常抱怨他的上司所给的指令不够清楚。含含糊糊的决策叫人怎么执行呢?

这些干部，自以为不幸才遇上这样的上司，而实际上，他是弄不清楚中国人的基本态度的。

中国人最明白“一切都在变动”的道理，身为上司，离现场那么远，对现场的变化实在不如干部清楚，如果发出清清楚楚的指令，万一和现场实际状况不相符合，那该如何是好?若是遇上干部不动脑筋，一味遵照指示办理，岂非更加倒霉?因此采取不清不楚的含糊指令，让干部有充分的弹性空间，自己去把它弄得清清楚楚。

聪明的干部，如果了解上司含含糊糊的目的，再使自己彻底去把它弄得清清楚楚，便不致误解老板的好意而有所怨责不满了。

当老板的，也应该了解中国人习惯从含含糊糊的过程中，去寻找明朗的答案。凡事不弄得清清楚楚，绝不罢手。如果一开始便十分清楚，要那么多干部做什么?若是到头来都弄不清楚，要那么多干部做什么?现在既然有这么多人，当然应该发出一个含含糊糊的信息，看看他们能不能弄出清清楚楚的结果来。

含糊只是起点，结果必须清楚，这才是中国人不可轻易改变的基本态度。我们和西方人，同样追求清清楚楚的答案，但是在过程中，必须加上一种含含糊糊的气氛。用心体会就不难明白其中的奥妙。具体如图 20–1 所示。

图 20–1　由含含糊糊而清清楚楚

用彼消我长的较量精神彼此拉扯

中国人看起来勇于内斗，自己人打自己人的时候最为凶狠。其实不然，我们只是明白“此消彼长”“互为消长”的道理，大家在一起，当然要拉拉扯扯，扯来扯去，在彼此拉扯中维持动态的均衡。

在层次性之外，中国人更重视消长性。大家相处在同一时空，当然互为消长，所以必须拉拉扯扯，彼此互相较量，因此乍看起来，好像勇于内斗。

中国人的层次性并不是固定的，却经常是变动的。明的是上司，私底下却不能不完全听从部属左右，一个已经被架空，另一个实际上操盘，也不是不可能的事。

我们喜欢“能屈能伸”，便是“应该屈的时候，要屈；应该伸的时候，当然要伸”。屈伸其实就是消长，一切要看时机、看情势、看关系、看交情，而求其制宜。

一切不宜被动等待，最好主动地开创。中国人喜欢“造势”，便是“创造有利的较量情势”，也就是较量精神的正当发挥。

只要是良性互动，大家立公心、凭良心地合理较量，中国人并不害怕你消我长或你长我消的变化。中国人必须约束自己，不能为一己之私，在你消我长中钩心斗角，造成大家都不欢迎的内斗，使自己人受害，却给外人制造了入侵的大好时机。有史以来，我们在这一方面做错得太多，简直十分离谱。必须及早端正过来，做好中国式的良性平衡，在和谐中求进步，而不是恶性的内斗。具体如图 20–2 所示。

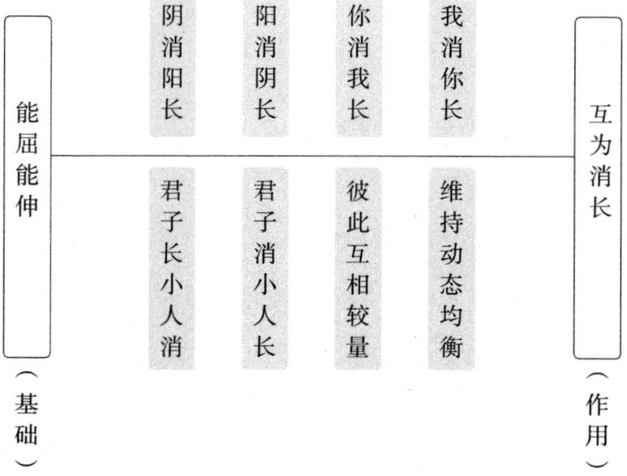

图 20–2　以能屈能伸来互为消长

自愿追随也可长相左右

有时候中国人确实表现出“喜欢管人却不喜欢被管”的矛盾心态，已如前述。但是，只要心甘情愿，中国人也乐于为人作嫁衣，扮演抬轿者的角色，自愿地长相左右，至死不渝。可见中国人一方面重视领导，另一方面也讲求被领导的美德。双方兼顾并重是我们的一种特色，如图 20–3 所示。

把中国人拉来充当轿夫，他会害怕权威而屈从。但是也会随时找机会溜走，遇到危险马上弃轿而去，有时候还会把人摔下来，联络其他轿夫把轿子抢走。因为他心有不甘，并不情愿，只有被动而毫不主动。

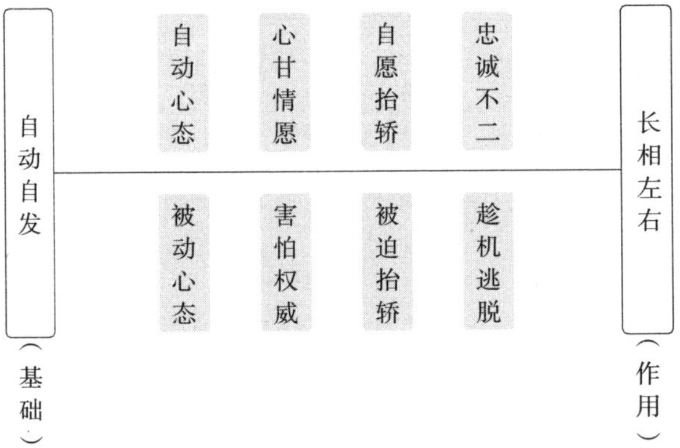

图 20–3　自动自发地长相左右

相反的，一旦中国人出于自动，情愿充当轿夫，他会十分尽责，而且维护主人的安全，必要时以死相殉，都不会临危脱逃。历史上出现很多类似的案例，足以证明。

中国人忠心与否？能不能团结一致？基本上是变动的，不能用一定的标准来评量。

领导得宜，大家乐于抬轿，显得忠心不二，团结一致。领导不得宜，大家勉强抬轿，心不在焉，当然不可能忠心，也不可能团结。能不能团结，完全看如何领导。

自愿与否对中国人而言非常要紧。发自内心的承诺，中国人必然一诺千金，绝不食言。自己愿意抬轿时，一切关系、利害、得失、情势，暂时摆在一边，长相左右，且能乐在其中。如何令人发自内心地自动配合，实际上是中国人的领导特色之一。作为领导者，我们应该在这一方面多了解、多努力，以期聚集众人的力量，团结一致。

以下赌注的心态来寻找合理平衡点

许多人认为中国人赌性特强，几乎随时随地下赌注，任何事情都可以赌。其实不然，中国人只是以下赌注的心态来面对各种可能的变化，所以看起来活像赌徒的行径。

中国人对“未来会变化”相当清楚，而变化的结果有好也有坏，不可能找到十全十美的答案。我们的态度基本上是“权衡利害”，在两害之中取其轻，以求趋吉避凶。然而，一方面，“对未来测不准，因为测过之后还会起变化”；另一方面，“任何变化，都可能带来一些好处，也同样会产生若干坏处”。而对这种情况，中国人以下赌注的心态来寻找合理的平衡点，看起来像赌，实际上不过是趋避，合乎《易经》的道理。

赌徒以输赢的结果来判定胜负，中国人却不以胜败论英雄。同样下赌注，赌徒为私，中国人却主张为公。只要出发点为公，下赌的结果有好有坏，都不必责怪。

可见中国人趋吉避凶，必须为公而不为私，才能够摆脱赌徒心态的恶名。

这样说起来，我们最好加以“正名”。中国人以趋吉避凶的心态来寻找合理的平衡点，因为吉凶也在变化，所以只要动机纯正，一切大公无私，不论结果如何，都是“命”，必须无奈地接受。当然，动机纯正，加上结果良好，更为上策。不下注则已，一下注便有十分的胜算，这是中国人赌神的功夫。只要不诈赌，每下注必有收获，必然是大家羡慕的对象。赌到不像赌的样子，当然是真功夫。具体如图 20–4 所示。

图 20–4　在趋吉避凶中求合理平衡

点睛之笔

一个人若是凡事马虎，只知道含含糊糊，不但一辈子没有出息，而且大家都不欢迎。必须设法在含含糊糊的过程中，寻找出明朗的答案，把一切弄得清清楚楚，这样，才能够在变化中了解真相。任何名位，不必一味纷争，大概愈尊贵的名位，愈要用让来争，以半推半就的方式，用大家乐于拥戴的声望来获得名位，才算实至名归。

中国人十分重视“层次性”和“消长性”，前者表现为“只许州官放火，不准百姓点灯”，层次愈高的，所具有的弹性空间愈大，可以变通，也可以例外处置。后者表现为“上司被架空，部属在操盘”，明暗之间，存在着很大的差距。无论“层次性”还是“消长性”，实际上都是变动的，并非固定的。

自动或被动，对中国人的态度具有关键性的决定作用。自愿要“抬轿”，中国人会心甘情愿地长相左右，甚至以死相殉都不会退缩。若是强迫他接受领导，他可能害怕权威而屈从，却存心趁机偷跑，甚至反过来加害主人。乍看之下，中国人赌性特强，好像随时随地都在下赌注。实际上中国人重视趋吉避凶，也明白“天下间难得有十全十美”的道理，因此权衡利害时，大多两害相权取其轻，所以看起来活像赌徒下注，因为权衡之后，还会产生变化。

第二十一章
中国人的复合标准

中国人的习性通常比较复杂，很难用单一的词句来加以描述。我们害怕权威却又不服从权威，我们既喜欢表现却又十分害怕有所表现。中国人重视个人却也同时兼顾团体，当我们表示没有意见时常常很有意见。听到不用担心时，要明白即为各自小心，反正中国人的复合标准时常都会自然地出现。我们具有矛盾的复合标准，就好像品质管理的上下限那样。只要做到合理的地步，便属品质良好，按照中国人的观点，合理便是良好品质的标示。

害怕权威却不服从权威

表面上看，中国人十分畏惧权威。从这个角度分析起来，中国人的服从性应该很高。实际上，我们也不服从权威，因为中国人另有对策，只是不随便表现而已。具体如图 21–1 所示。

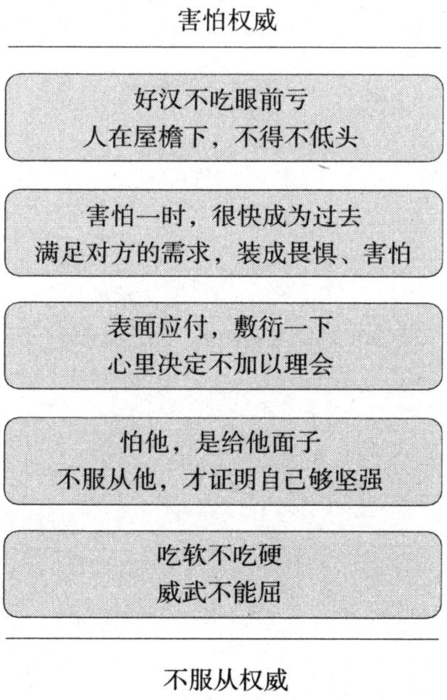

图 21–1　害怕而不服从权威

如果中国人真的十分畏惧权威，而又实际服从权威，那么领导中国人就变得十分简单，只要表现出高度的权威，便能够奏效。事实上中国人再权威也没有用，因为中国人大多心中有数，知道怎样表面应付、敷衍一番，却找理由规避，或者另有其他打算。

害怕权威，是属于“好汉不吃眼前亏”。大凡表现出权威的人，便是存心吓人。对于不畏惧的人，势必加强权威，才能够杀鸡儆猴，趁机把其他人也镇压下去。若是表现出畏惧的样子，便会受到安抚而获得安全。中国人一向讲求明哲保身，当然会在遭遇权威的时刻，表现出一副畏惧的样子，以求得眼前的安全。

一方面害怕权威，一方面却又不服从权威，形成中国人的一种复合标准。看起来有些矛盾，实际上能够在两者之间找到一个合理的平衡点。中国人有时候非常服从，有时候很不服从，便是在两者之中，看情况而有所调整，因而表现出“不一定”的态度，很容易误导外国人，以为我们没有原则。把服从和不服从合起来想，站在不盲目服从的立场来合理地服从，这是中国人的不变原则。在这种常则指导下，做出服从或不服从的反应，当然有原则。

喜欢表现却又害怕表现

西方人，特别是美国人，最喜欢表现。只要有能力，随时要展现出来，甚至在表现之后，还要到处宣扬自己表现了什么。这种作风，在中国人眼中，简直是浅薄之至，丝毫不懂得含蓄之美，更不知道深藏不露的好处。

中国人并不是不喜欢表现，只是我们明白，随便表现，很可能招惹忌妒，有时惹来横祸，岂非自食恶果？人不表现则已，一有表现，明的暗的破坏力量，马上随之而来，这是中国人从《易经》中学来的道理。表现之前，先打听一番，试探一下，应该不应该表现？要表现到什么地步大家才能够接受，才不会遭受打击和伤害？在什么情况之下表现对自己最为有利？把这些问题充分解决之后，自然表现得合理而安全，再不表现，岂非对不起自己的能力？

有能力，还要表现得对自己有利。如果有能力，表现了反而伤害自己，算什么能力呢？

中国人不喜欢谈能力，我们大多谈“本事”。本事比能力更多了一层安全有力的保障。我们喜欢有本事的人，跟他在一起，安全而且没有什么压力。我们不喜欢有能力的人，主要是因为跟他在一起，不但不安全，而且还经常有压力。

喜欢表现却又害怕表现，看起来矛盾，却也能够在两者之间找到合理点。同样把表现和不表现合起来想，站在不表现的立场来合理地表现，才不致胡乱表现而对自己不利，可见中国人的思维法则，相当一以贯之，如图 21–2 所示。

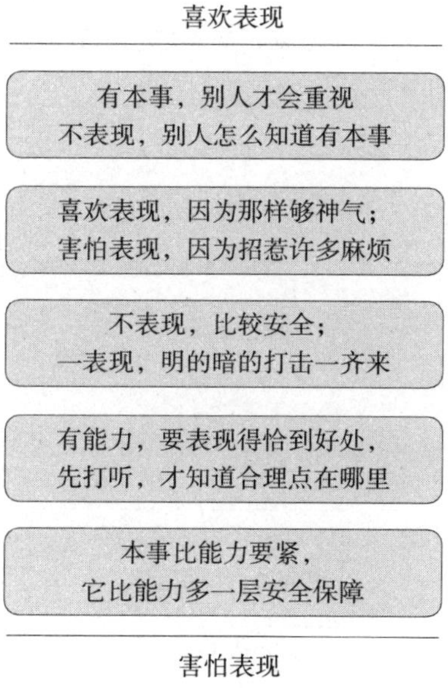

图 21–2　合理表现就好

个人主义却又重视团体

中国人究竟是个人主义者还是集体主义者？历来有诸多议论，却没有确定的答案。其实，中国人的看家本领，是“把二看成三”，因为我们相信“真理不在二者之一，而在二者之中”。我们既不是个人主义者，也不是集体主义者。我们一方面有个人主义色彩，一方面也兼顾集体主义精神。中国人将个人主义和集体主义结合起来，合二为一，产生一种“交互主义”，就是我们常说的“互相，互相”“彼此，彼此”。

从某种角度来观察，中国人的确拥有浓厚的个人主义，因为“人不为己，天诛地灭”，中国人十分重视自己的权益和好处。然而，我们也充分了解团体的重要性，深知“人若自私，也天诛地灭”，因而同样拥有浓厚的集体主义。两者合而为一，彼此兼顾，使中国人随时随地在个人与团体之间，寻找合理的平衡点。具体如图 21–3 所示。

个人主义

人不自私，天诛地灭；
人若自私，也天诛地灭

不想自己，没有人会相信；
不想别人，想自己也没用

平常有如一盘散沙，
必要时才血浓于水

中国人重视伦理，
善于在团体中完成个人

三根筷子比较不容易被折断，
团结起来力量才会大

集体主义

图 21–3　在个人与集体之间合理表现

简单说，中国人善于“在团体中完成个人”，看起来像“一盘散沙”，有时候却“血浓于水”。

伦理精神便是个人在团体中“安位”“安分”“动员”的根本力量。重视伦理的人，在团体中找到个人的定位，平日安分守己，必要时大家自然乐于动员而群策群力。中国人当然也能够非常团结，一致对外，虽然平日十分松散，各自为政。能不能团结，完全看领导者的作风。领导得合理，中国人非常团结。若是不合理，就难免变成一盘散沙。先反省自己，不要动不动就责怪别人。

没有意见便是很有意见

当中国人表示“没有意见”的时候，很可能有以下几种含义：

第一，他很有意见，只是碍于情面，不好意思马上说出来，以免大家没有面子，弄得很尴尬。

第二，他很有意见，但是不愿意轻易说出来，先试试看别人有没有诚意要听，说出来有没有效果。若是一方面想听，一方面也觉得有效，当然可以讲出来。

第三，他很有意见，不过觉得目前的环境似乎不适宜说，因此先表示没有意见，待时机合适时再说。

还有，他也可能真的没有意见。

一般而言，“没有意见”包含着较大部分的“很有意见”，反而只有一小部分是真正没有意见。

日本人有很多意见，却不至于坚持。中国人刚好相反，经常没有意见，却十分坚持。没有意见坚持什么呢？答案是“到时候自然知道”。

中国人很喜欢参与，有机会参与时，觉得备受重视，可能会把意见说出来。没有机会参与时，常觉得相当委屈，因此找机会出气，制造麻烦。

“有意见”和“没有意见”之间，中国人很少“二选一”，我们仍然按照“二合一”的习惯，形成一种复合的标准。把有意见和没有意见合起来想，站在没有意见的立场来发表意见，才显得合理而不鲁莽（如图 21–4 所示）。有意见马上说出来，万一闯出祸来，还不是要由自己承担？最好避免。

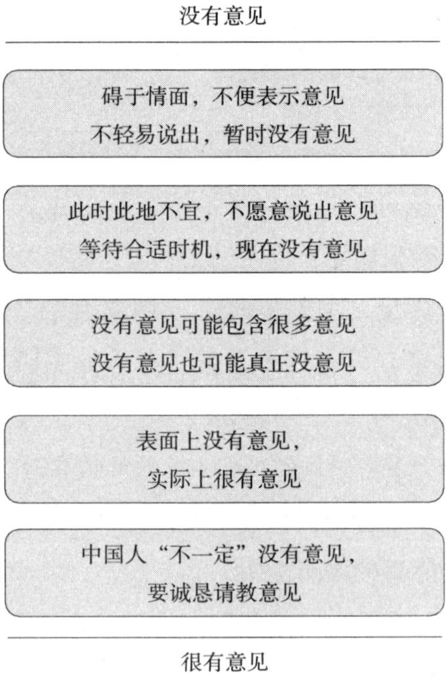

图 21–4　站在“没有意见”的立场来看“很有意见”

不用担心就是各自小心

当中国人告诉大家“不用担心”时，多是希望大家“各自小心”，如图 21–5 所示。

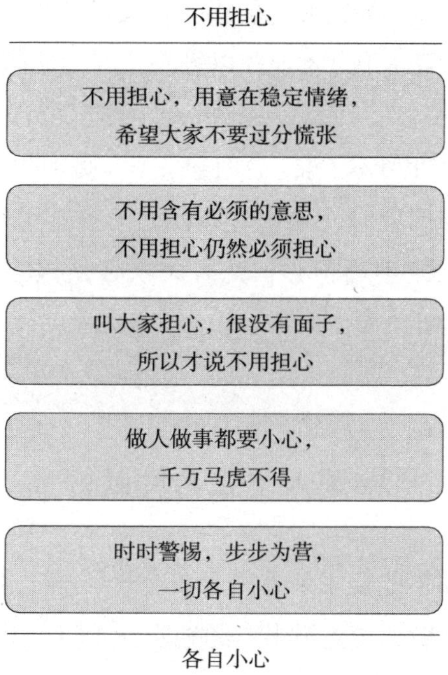

图 21–5　各自小心就不用担心

领导人有办法维护大家的安全，他不会说“不用担心”，也不会叫大家“勿惊”。他会生气地说：“怕什么？”意思是“有我在，何用怕？简直看不起我”。

自己没有把握，可能也有些慌张，这时候才会叫大家“勿惊”，口中直说“不用担心”，而内心怕得要死。

“不用担心”和“各自小心”有如阴阳两极，看似矛盾实则相辅相成。中国人的观点是，做人做事本来就应该时时小心，步步为营，怎么可以不担心呢？

完全不用担心时，提“担心”做什么？既然提出“不用担心”，已经表示有“担心”的必要，只是安慰一下，大家情绪较为稳定，比较容易做到“各自小心”。

中国人教育子女，最常使用的语句，便是“小心”。无论做什么事情，总该小心为上策，千万不能掉以轻心，因为任何事情都大意不得。

不明言“各自小心”，用意在说话的人，仍然要负责照料大家。一旦进入紧急状态，好像谁也管不了谁，这时候中国人就会明白表示“各自小心”。

还有办法互相照应时，为首的人告诉大家不用担心，有相当的道理。其实，告诉大家不用担心，就有大家必须担心以防万一的意思。善于听话的人自然听得懂，用不着我们多担心。

中国人主张合理就好

品质管理，并不能要求所有产品都完全一样。我们的要求，说起来十分可笑，便是做到“差不多”的地步。不过，我们一定要弄清楚，“差不多”的真正意思是“不能差太多”。差太多表示品质不合格，不合乎要求的标准，也就是属于不良品，必须遭到淘汰。不能差太多便是合乎标准，在规定的上下限度之间，才叫作差不多。

凡事都有上限，也都有其下限。只要品质在上下限之间，便是在标准的范围之内。我们常常喜欢说差不多，证明中国人老早就具有品质管理的观念，我们都是品质管理专家，如图 21–6 所示。

中国人高手对阵，最合理的结局，便是“赢的装没赢，输的装没输”，到底谁赢谁输，答案是“你喜欢谁赢，便认定谁赢；你喜欢谁输，也可随意认定谁输”。

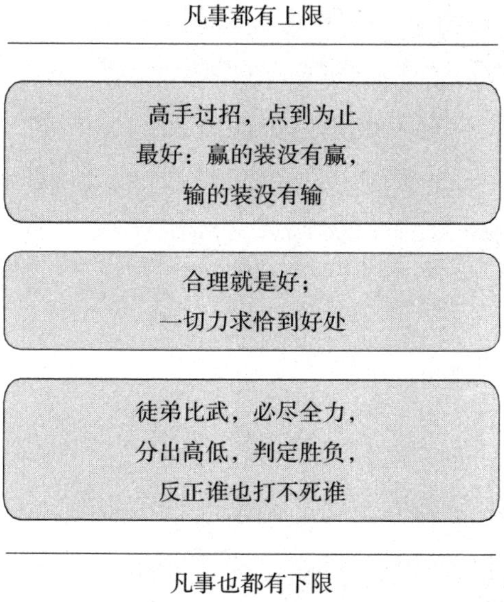

图 21-6　中国人是品质管理专家

两人对阵，当然要分出高低，判出输赢。但是中国人讲求层次性，徒弟和徒弟相比，各尽全力非要比出胜负。而且胜者欢呼，败者丧气，原因是修养不够，双方都沉不住气。高手相比，只求点到为止，胜负已知，立即罢手言和，不伤及对方，以免结成冤仇，代代报复，而永无休止。

各种层次，各有其合理点，不能够一概而论。

害怕权威却不服从权威，各阶层在害怕与服从之间，找出各自不同的合理点，合理便是守本分。各如其分，就是害怕到应该害怕的地步，服从到应该服从的程度。

喜欢表现却又害怕表现，也是在喜欢和害怕之间，依事情的性质，而寻找不同的合理点。有些事情比较喜欢的成分多一些而害怕的成分少一些，有些事情则相反。

个人和团体之间，有意见和没有意见之间，不用担心和各自小心之间，同样有各种不同的合理点。必须因人、因事、因时、因地而采取复合的标准，才不致有所偏失。

中国人主张“合理”就是好，而合理即为中庸，所以中国人喜欢中庸之道。我们一向把中庸这么简易的道理，解释得十分复杂，弄得大家愈听愈不清楚。其实中庸就是合理主义，一切求合理。无一事不合理，便是中庸。

点睛之笔

中国人看起来矛盾，实在是由于我们采取复合标准的缘故。为了避免一厢情愿，造成一偏、一察、一端的缺失，我们很喜欢来回、往复地自我辩证。凡事都朝正反两方面分头想想，然后在两端之间，因人、因事、因时、因地而调整合理点，以求制宜。有些事先往好处看，再向坏处想，有些事则先想最坏可能坏到什么地步，能不能承受得了，再想最好可能好到什么程度，有没有必要去寻求，这才斟酌其合理点，作为对应的决策。

我们一方面害怕权威，另一方面又不服从权威；一方面喜欢表现，另一方面却害怕表现；一方面重视个人，另一方面又重视团体；一方面没有意见，因为不想表示出来，另一方面在不受重视，不能参与时，又很有意见；一方面不希望大家担心，另一方面却又要求大家各自小心。这些复合标准，应用得合理，便能够收到明哲保身的效果。

中国人主张合理便好，一切求合理，所以讲求中庸之道。但是合理不合理，原本是变动的，往往因人、因事、因时、因地而变更，所以考虑时必须“将心比心”，站在对方，甚至是第三者的立场来思考，以免顾此失彼，引起众人的反感。合理不合理，要看反应。中国人常常一看反应欠佳，立即设法调整，因此变来变去，形成“不一定”的习性。

第二十二章

中国人的必要修养

有一些必要的修养，是成为一个中国人应有的基本条件。首先要明辨随机应变和投机取巧，不可以盲目地把两者混为一谈，分辨不清。其次要把圆通和圆滑分辨开来，因为中国人最喜欢圆通却十分厌恶圆滑。同时要明辨虚安和欺骗的差异性，也应该辨别艺术和权术的不同所在。我们要区别“大我”和“小我”的同和异，“大我”包含“小我”在内，是思索的出发点。持经达变就是经和权的配合，无论怎样随机应变，都不能离经叛道。

明辨随机应变和投机取巧

一个中国人最要紧的莫过于明辨“随机应变”和“投机取巧”的差异。因为我们只能够随机应变，千万不可以投机取巧。偏偏这两者十分相像，很难分辨。

现代中国人把自己的所作所为都视同随机应变，却轻易地将别人的所作所为一概判定为投机取巧。这种过分不合理的双重标准，反而成为自己不能进步的主因。

随机应变和投机取巧表面上看起来几乎完全一样，都属于“应变”，也都是一种“调整”。

它们的不同，主要在看不见的“动机”。动机纯正，便看作随机应变，否则便是投机取巧。

因公而应变，为求做得更合理而调整，通常会被大家接受而称为随机应变。

为私而应变，为求自己的方便而调整，无论如何，都会被大家指责为投机取巧。

破坏公共秩序，妨害他人自由，有损别人权益，以及制造大众不安的应变和调整，都属于投机取巧的行为。

维护公共秩序，增进团体利益，兼顾自己和别人，以及维护或增进大家安宁的应变和调整，当然是随机应变。

结果合理的应变，称为随机应变，大家都欢迎。结果不合理的调整，大家交相指责，极力反对，因为那是投机取巧的劣行。身为中国人，必须谨记在心，只能够随机应变，绝对不应该投机取巧。凡事问心无愧，要点即在于此。只能骗别人，千万不要骗自己，原因也在此。具体如图 22–1 所示。

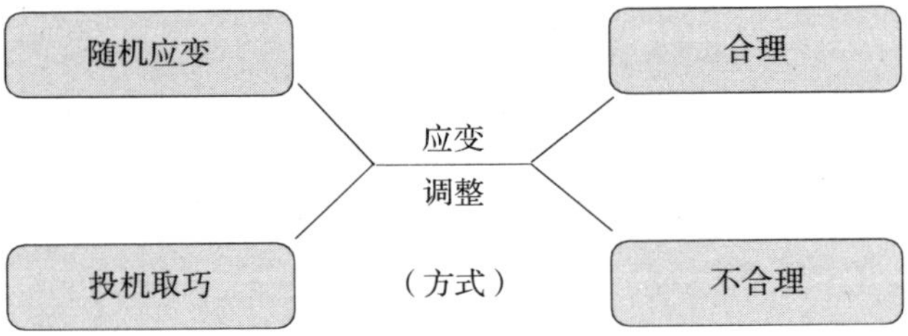

图 22–1　随机应变 & 投机取巧

把圆通和圆滑切实分清楚

常常在电视上听到“做事必须认真，做人应该圆滑一些”的教诲，不禁感叹孔子“好为人师”的警语，大家太过忽略，简直不能体会孔夫子的一番苦心。

中国人最痛恨“圆滑”，做人圆滑，任何人都不欢迎，怎么可以在公共媒体上传播这种害人的错误观念？

说这种话的人并无恶意，绝非存心误导他人，他只是分不清楚“圆通”和“圆滑”的区别，自己弄混了，搞不懂，却患上“好为人师”的毛病，以不知为知，害人害己。圆通和圆滑有如孪生兄弟，难怪很多人分不出来。

圆通，中国人最欢迎，有“圆通人士”之称；圆滑，中国人普遍厌恶，有“圆滑小人”之说。

表面上看起来，圆通和圆滑都是“推，拖，拉”的运作，一副打太极拳的模样。但是圆通和圆滑，过程完全相同而结果截然不同。“推，拖，拉”到最后，把问题圆满解决掉，便是圆通。“推，拖，拉”到最后，没有解决问题，或者解决得不够圆满，那当然是圆滑。具体如图22–2所示。

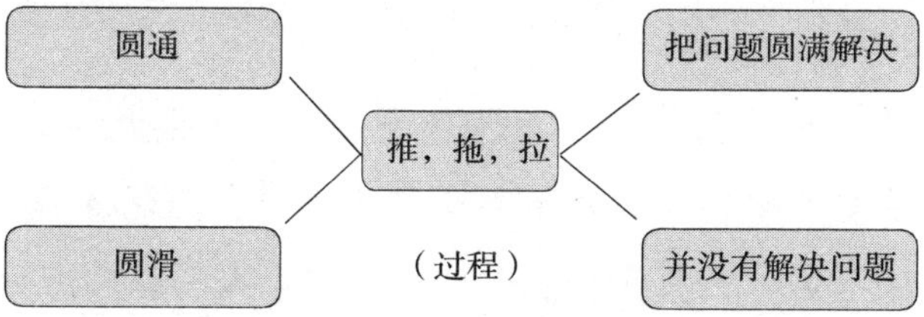

图22–2　圆通&圆滑

圆通人士，知道运用“推，拖，拉”的功夫来解决问题，既省时又减少许多阻力，可以省去很多麻烦。圆滑小人，只存心以推、拖、拉来不了了之，毫无解决问题的诚意，令人痛心。圆通或圆滑，表面上看起来，十分相像。实际上分辨起来，却相当清楚。究竟是圆通还是圆滑，只有自己明白。别人怎么想、怎么说，实在用不着太担心。

分辨虚安和欺骗的差异性

前已述及，中国人主张“可以骗别人，千万不能骗自己”，我们已经十分明了“中国人最讨厌彼此骗来骗去，也不承认自己会欺骗别人，但是实际情况，却表现为中国人时常骗来骗去”。现在我们要进一步说明，“不存心害人，或者对别人构成不便”的欺骗，也就是“虚安”的一些特质，让我们对“虚安”和“欺骗”的差异性更加了解。

父亲要儿子“赶快去告诉李叔叔，说我不在家”，并没有教儿子“欺骗”的意思，也没有“欺骗”李叔叔。

这只是一种“虚安”，让来访的李叔叔“知难而退”，彼此不伤感情，保留颜面，下一次比较好见面。

“小张这个人怎么样？”

明明小张品性不好，我们也不愿意明说，以免惹事。这时候只好把自己的舌头含在嘴巴里，把面颊鼓得大大的，然后才说“还好”。听的人应该心中有数，舌头含得愈久，表示这个人的品性愈坏。

这种方式也是一种“虚安”，不敢欺骗打听的人，又不能坦白说出来，免得伤害小张，才有此表现。

各行各业人士，运用“虚安”最多的，大概是医师。“你这种病，没有什么关系，我自己以前也得过，吃吃药，小心调养，很快就会好。”说的不一定是真的，也不是骗人，而是“虚安”。医生善用虚安，称为心理建设。病人听见医生也患过这种病，现在还活着，觉得自己也死不了，病就好了一大半，有时候虚安比服药更有效，为什么不用？如图 22–3 所示。

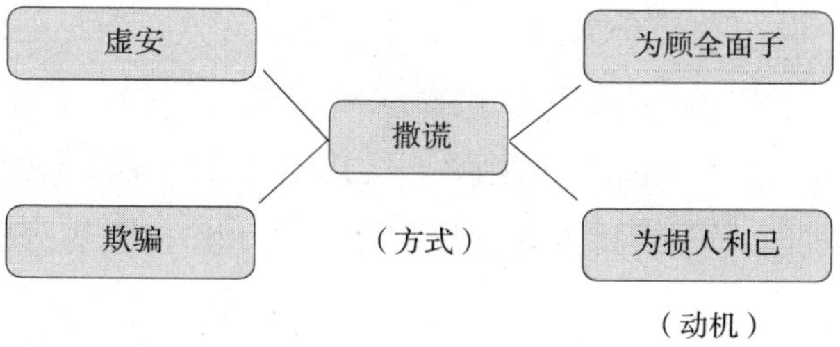

图 22-3　虚安＆欺骗

辨别艺术和权术的分界点

《三国演义》中有两位家喻户晓的人物：刘备和曹操。中国人十分聪明，对刘备的“艺术”和曹操的“权术”，分辨得清楚明白。我们最喜欢“艺术”，最讨厌“权术”。可惜现在有很多人搞不清楚，一直在鼓吹谋略、权谋，实在是对中华文化的大不敬。

“艺术”和“权术”，看起来形式完全一样，都是“花样一大堆”，因为君子若是缺乏一些花样，便会死得很快。那一天，曹操宴请刘备，酒至耳酣，曹操忽然说：“方今天下，英雄只有使君与我。”刘备大吃一惊，以为曹操看穿他的志向，吓得把手中的匙箸掉在地上。正巧霹雳雷声，大雨骤至。刘备赶快说：“从小就害怕雷声。”曹操冷笑，以为刘备不过是个无胆、无识、无用的人，从此放松了对他的戒备。也正因为如此，刘备才可能有后来的发展。

刘备的举动，是“艺术”还是“权术”？

中国人的观点，刘备趁着雷声，使自己得以从曹操的猜忌、戒备中平安脱身，乃是“韬光养晦”的一种表现，当然是“艺术”。如果不是这样，曹操一旦看出刘备的心思，志在争夺天下，恐怕早就找机会把他杀掉了。

“心正”而“花样一大堆”，称为“艺术”；“心不正”而“花样一大堆”，称为“权术”。两者形式相同而动机不一样。艺术人人喜爱，权术大家都厌恶。中国人必须善于运用艺术的手腕，放弃权术的手段，才能够普受欢迎而妥当地化解问题，艺术和权术的分别如图 22–4 所示。

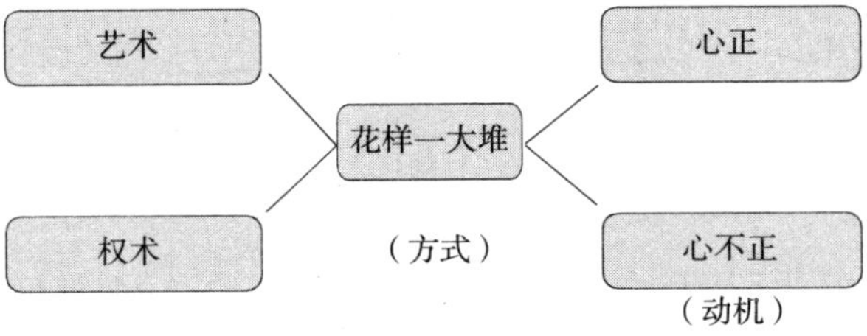

图 22–4　艺术＆权术

区别“大我”与“小我”的同和异

对中国人说话，最好说“我们”，尽量少说“我”。因为“我们”代表“大我”，而“我”充其量只能代表“小我”。中国人重视“大我”，不喜欢特别标榜“小我”。现代中国人，动不动学西洋人说什么“我个人……”，实在是自找麻烦，使自己和别人无意中划清了界线。

“我们”至少包括“我”“你”“他”，当然是“大我”。“我”只是“我个人”，算得了什么？

西方人奉行“个人主义”，开始就说“我个人”。中国人重视“交互主义”，按照“对待”原理，必须“你心中有我”，才以“我心中有你”来相应。

“大我”是群体，大家一起来，比较有力量。“小我”指“个体”，独自一个人，当然势单力薄。

为公设想，便是为“大我”；为私图利，即是为“小我”。为“大我”设想的人，公正无私，普受大家的欢迎；为“小我”着想的人，自私自利，令人非常厌恶。

凡事以“大我”为出发点来思索，即使对策偶有欠妥，大家也比较容易谅解。若是以“小我”为出发点来思索，就算决策妥当，大家也会心生不悦，因为迟早会出问题。

“大我”包含“小我”在内，“大我”好，自己跟着好。“小我”并不能包含“大我”，自己好，别人不一定跟着好，所以“大我”重于“小我”。为“大我”着想，并不是空喊口号就可以，必须配合实际的行动。因为中国人普遍不相信嘴巴所说的，却紧跟着要看真正的表现，才肯相信。“大我”和“小我”的区别如图 22–5 所示。

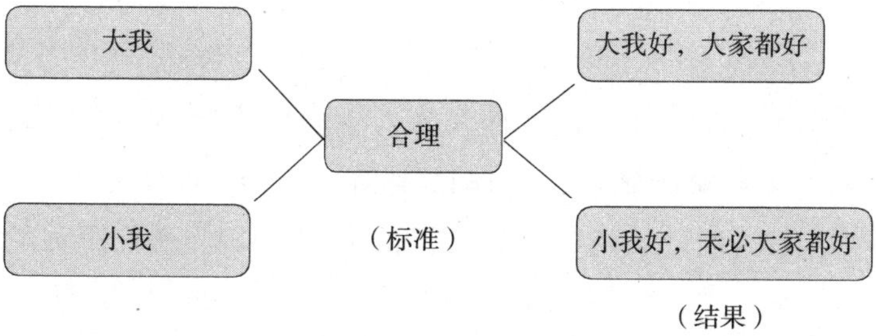

图 22–5　大我 & 小我

弄清楚经和权之间的配合

“经”指群体生活中的常规定理，是个体在生活中进退取舍的指导原则。“权”指采取灵活机动的权宜措施，合理应变，及时调整，以获得良好效果的应变方式。经和权的区别如图 22–6 所示。

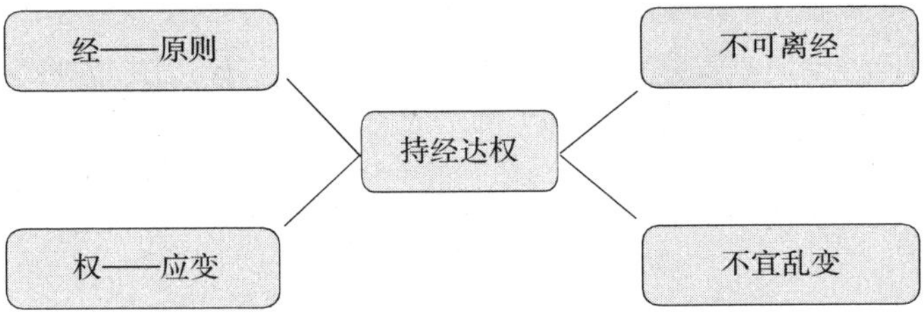

图 22–6　经＆权

“持经达权”便是以不变应万变，已如前述。主要在依据原则应变，不可以违反既定的原则而乱变。

但是，中国人有时候也会“反经行权”，不按照原则而应变。例如涉水作战一向是兵家大忌，然而韩信却采取这种方式打败了强大的楚齐联军。只是反经行权，必须对主客观形势有充分的正确认识，所以真正推究起来，仍然是顺应事物的变化而应变，并没有违反常规定理。

宇宙间万事万物都在不停地变化，人类为求生存，当然也需要不断地应变。其主要法则，在“保持主动”“化被动为主动”，这样才能够驾驭事态的变动状况，寻找合理的变通，以求制宜而实现既定的目标。

我们在生活中所要应变的情况，大致可以分成“远虑”和“近忧”两大类。常言道“人无远虑、必有近忧”，可见随时都要应变。而未来和眼前，都可能“处危”和“临机”，前者指“面对危难、危险”，后者为“随机、随意”，最好都不要“离经叛道”，才合乎“持经达权”的精神。我们很重视趋吉避凶，便是看出随时都有吉凶的存在，逃避不了，只好面对着它，小心地趋避，以求大事化小，小事化了，逢凶化吉，自求多福。

点睛之笔

中国人最少要具备一些修养，包括“明辨随机应变和投机取巧”“把圆通和圆滑确实分清楚”“分辨虚妄和欺骗的差异性”“辨别艺术和权术的分界点”“区别大我和小我的差异性”，以及“弄清楚经和权的合理配合”等。因为这些看起来十分相似而实际上颇不相同，是在中国社会甚为常见的现象。若是分辨不清，认识不明，常常误导自己，使自己埋怨、生气，又误导别人，使更多的同胞或外国人误解我们的文化。

堂堂正正的中国人，只能够随机应变，千万不可以投机取巧；一定要圆通，绝对避免圆滑；偶尔制造一些虚妄，最好不要欺骗；为人处世必须艺术，却不可以玩弄权术；“大我”包含“小我”在内，凡事要以“大我”为着眼点，不要以“小我”害“大我”，多说“我们”少说“我”；随时应变却不能离经叛道。

生活上的应变，要注意“近忧”和“远虑”一并顾及。危急时和平常时，都要合理应变，才能因时制宜。中国人在“明哲保身”的总原则之下，养成“不损人利己”的习惯，随时合理应变以求“时中”。只要“无一事不合理，无一时不合理”，便合乎“中庸之道”，而无愧于“中国人”了。

第二十三章
现代中国人的共同问题

现代中国人的最大问题，出在“现代”上面，我们所认识的“现代”，基本上是“西方的现代”。现代化不应该等于西方化，我们终究不是西方人，可惜很多人脑筋不清楚，一直要把自己拉向西方。中学为体，西学为用，根本行不通，什么长处都要学，世间哪里有十全十美的东西？“地球村”应该尊重各种不同文化的特色，而人要做什么样的人，也必须自己决定。中国人、西方人各有各的长处和缺失，见贤思齐，是同一文化的人，取长补短。对自己首先要建立信心，增加一些自信，认真提升自己的层次，做一个现代化的中国人。

脑筋时常不清楚

现代中国人，普遍受到“现代化”的误导，经常弄得脑筋很不清楚，还认为自己十分现代化。

西方人所说的“现代化”，毫无疑问，是“西方文化的现代化”，对他们而言，和西方传统文化一脉相承，再怎么现代化，仍然保留西方文化的特性，依然是不折不扣的西方人。

这样说起来，我们的“现代化”，必须是“中华文化的现代化”，而不是“西方文化的现代化”，其理甚明。可惜我们近百年来，已经很少有人搞得清楚“什么叫作中华文化”，又怎么能够使它现代化呢?

自从引进西方“现代化”观念以来，我们就“心理上毫不设防”地接受所谓现代化的一些观念和变化，似乎中国人应该变得和西方人一样，才叫作现代化，却不知道这种观念本身就是最大的错误。这种观念上的不正确具体如图 23–1 所示。

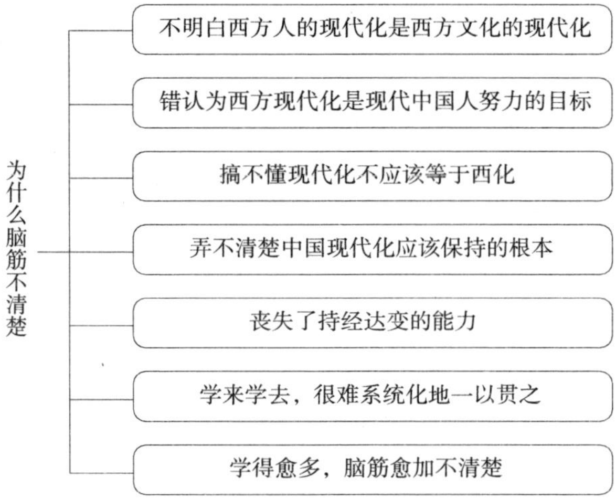

图 23–1　观念不正确

中国需要现代化，这是没有人会怀疑的，但是现代化的内容，仍旧以中华文化为本，才能够继旧开新，从老干中生出新枝，生生不息。事实上，我们却毫无持经达变的运作，便原原本本地把西方现代化的花朵、果实移植过来，当然弄得大家脑筋不清楚。因为说起来听起来都很有道理，只是彼此不能协调，常常互为矛盾而已。

现代中国人逐渐丧失持经达变的能力，无法将西方的东西合理地融入我们固有的系统里，只能盲目破坏固有的文化而无可奈何，这是十分可笑的悲剧。

对自己很不了解

“知人难，知己更难。”一个人要了解别人，实在很不容易。因为“人心隔肚皮”，谁也没有把握知道“对方心里头究竟在想什么”。就算他明明白白说出来，我们也不一定敢相信；而凭我们的猜测体会，更不知道不吻合到什么程度。但是，要了解自己，恐怕比了解别人更加困难。我们总认为最了解自己，实际上认真起来，才发现原来自己最不了解的，竟然就是自己，如图 23–2 所示。

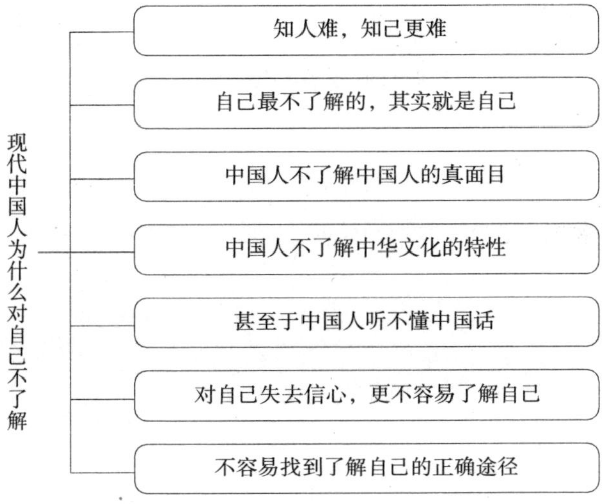

图 23–2　人在庐山不识庐山真面目

请问：中国人的真面目到底如何？中华文化的特性究竟是什么？相信很多人回答不出来，甚至于答错了自己还不知道。中国人不了解中国人，不知道什么叫作中华文化，又怎么能够做到“现代化”呢？

譬如说，“做人应该圆滑一点”“做事不应该推，拖，拉”“做人要坦白，有话要直说”这一类的话，初看起来都相当有道理，而真正了解中国人的话，就会知道都不合乎中国人的道理。相反的，“做人绝对不应该圆滑，却一定要圆通”“做事的时候，最好运用推、拖、拉的技巧，才能够又省力又省时，解决得更加圆满”“做人当然要坦白，但是有话却不一定要直说，因为有些话直说出来，人家会承受不了，恼羞成怒，引起情绪性的反应，对彼此都不好”。这样才合乎中国人的思路。现代中国人，由于对于中国人的事情根本搞不清楚，就唐突地胡乱加以批评，还显得十分理直气壮。不知道的人，声音比知道的更大，简直不成体统！

说什么融合中西

近百年来，中国人最大的错误，说起来十分可笑，竟然是我们念念不忘，时常想要做的“融合中西”，如图 23–3 所示。

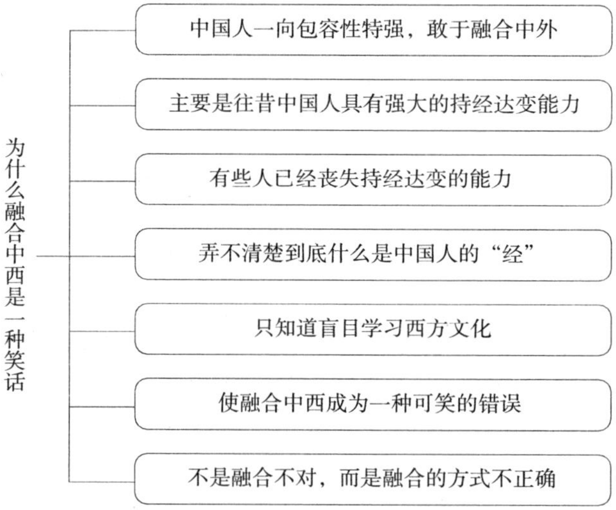

图 23–3　中西融合不可能

中华文化的特性之一是包容性。自古以来，我们便一本“融合中外”的精神，大胆地包容各种的文化，为什么近百年来，融合中西反而成为一种错误呢？

因为近百年来，中国人已经丧失了持经达变的能力，没有资格“融合中西”了。

在漫长的中国历史中，我们了解自己的“经”，充分掌握自己的根本，在不可能“离经叛道”的时代，可以放心持经达变，把所有外来文化都适当地安放在合理的层次，不致违反我们既有的“经”。

近百年来，我们已经搞不清楚自己的“经”是什么，只知道盲目地、胡乱地学习外来的文化。有些人知中不知西，有些人知西而不知中，如何能够融合中西？更谈不上持经达变，使西方文化得以在中华文化中找到适当的定位。

中不中，西不西，事实上也不是融合。凭中国人包容性特强的本领，能够把各种杂乱无章的中西文化勉强混杂在一起，已经相当不容易，要谈融合，恐怕还差得很远。我们常说价值观改变了，其实是“不知道真正的价值观是什么”，只好用“多元化”来麻痹自己，弄得自己不知道自己的方向在哪里。过渡时期，当然也是一种自我安慰的借口，但是时间拖得太久，一过渡就是几十年，岂不令人生疑？再怎么说，也交代不过去。

谈什么他山之石

中国人迷失方向的主要原因，说起来更加可笑，居然是“他山之石，可以攻玉”，一心一意想要学习西方的长处。学习他人的优点，说起来十分正确，却让近百年来的中国人，掉进前所未有的大陷阱里，难以逃脱，如图 23–4 所示。

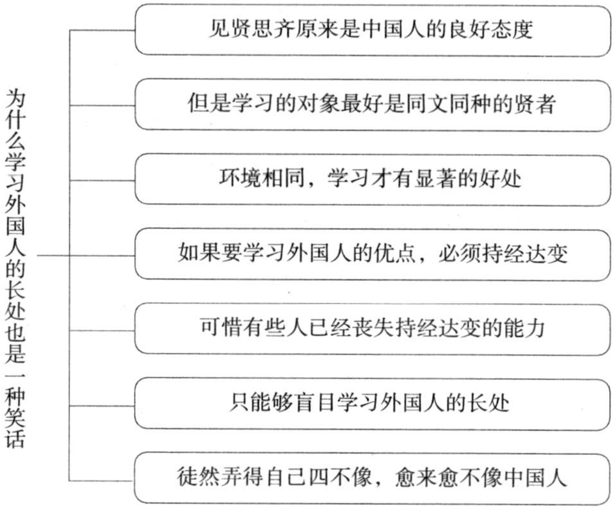

图 23–4　学习要有一定的限度

“见贤思齐”原本是中国人的良好习性，为什么学习他人优点，反而成为我们的主要错误呢？

任何事情都和环境有关，也就是必须和环境互动才能明辨是非，判定有效与否。见贤思齐的先决条件，最好是同文同种同文化。

先做好中国人，再来学习外国人的优点，当然能够收到“他山之石，可以攻玉”的效果。现代中国人，连中国人都做不好，却希望学习外国人的长处，徒然把自己弄得四不像，根本没有好处。

中国人原先就有一种习性，占到便宜认为是应该的，稍微吃亏一点就要斤斤计较。一个人想获得全世界的好处，结果必定痛苦不堪。

可以欣赏别人的长处，却实在不必要样样优点都要学，否则自己乱了根本，反而产生很多化解不掉的矛盾。

本立而道生，现代中国人的根本不够稳固，所以不欣赏别人则已，一欣赏别人便讨厌自己。恨不得摇身一变，不做丑陋的中国人，可惜变来变去，依然是中国人，可叹！

对自己缺乏信心

现代中国人要学习外国人的长处，必须先把中国人做好。要把中国人做好，首先应该对自己具有信心。

一天到晚羡慕外国人，一天到晚满脑子丑陋的中国人，这样，能做好中国人吗？

近百年来，中国人对自己丧失了信心。主要原因是 1840 年鸦片战争之后，西方的坚船利炮，使得有识人士认真检讨，痛加指责，找出中国人的毛病，呼吁大家要好好学习西方。这些做法，原本是对的，所以堪称有识人士。但是弄得中国人丧失自信心，那就不对了，足以证明有些“有识人士”仍然没有资格配称有识人士，如图 23–5 所示。

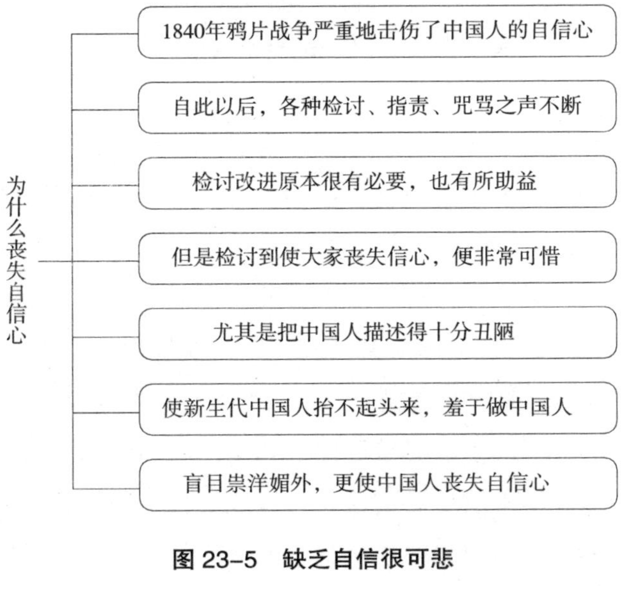

图 23–5　缺乏自信很可悲

检讨是一种手段，并非目的。把中国人说得一团糟，对子孙有什么好处？只能使他们愈来愈抬不起头，觉得做中国人很没有面子。把中国人形容得十分丑陋，对子孙有什么帮助？只能使他们羞于面对外国人，认为身为中国人非常可耻。子孙以祖先为辱，这个民族有何远景可言？

真正的有识之士，必须设法唤醒中国人，使大家恢复民族自信心和自尊心。把检讨所得的缺失换成积极性的建议，提出一些具体的改善方案，通过有声望、有信誉的人来领导，才是正面的、有效的、无害的做法。否则，长外人威风，灭自己志气，只能破坏祖先与子孙的情感，别无他益。偏偏现代中国人不但不设法唤醒中国人，反而极力加以丑化，倡导什么全盘西化，使得年轻的一代，以身为中国人为最大的耻辱，实在不是有良心的表现。

不认真提升自己

人生短暂，最大的任务在于提升自己，并且承前启后，经由自己的努力将祖先累积下来的文化资产传承下去，让子子孙孙不忘以中国人为荣，如图 23–6 所示。

可惜现代中国人，盲目学习西方的“个人主义”“自由主义”“享乐主义”，而不知道这三种主义其实可以合并称为“动物主义”，徒然把自己贬低到一般动物的层次，当然离中国人愈来愈远。

往昔中国人，经常感叹“一代不如一代”，便是居于传承的责任，自己怨责不能善尽承前启后的责任，以致一代不如一代。现代中国人认为子孙和祖先背道而驰，才是合乎潮流的趋势，临老还要向子孙学习，还沾沾自喜人老心不老。把自己应负的传承责任忘得一干二净，简直无耻至极，不知死后何以面对列祖列宗？

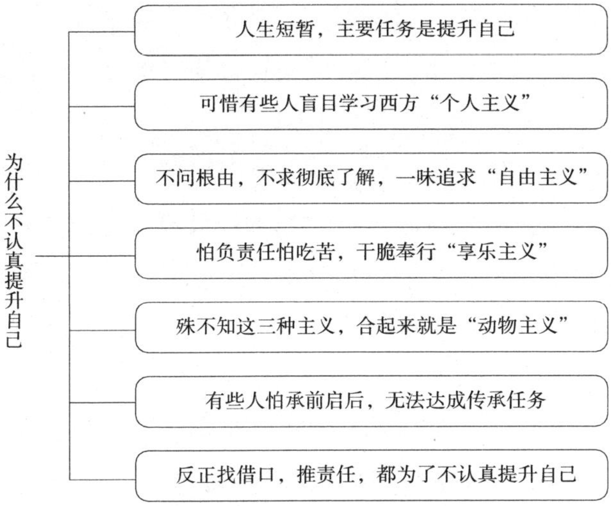

图 23–6　自我提升最要紧

提升自己，仍然是现代中国人必须努力的事情。承前启后，绝非一切复古依古，也不是一切求新求变。一方面承前，把上一代的“经”牢牢把握；另一方面启后，为尚未完全懂事的子孙开启一条现代的合理途径。这一代的风气，不归咎于祖先，也不把责任推给不足以支撑的子孙，而是把它责无旁贷地扛在自己的肩膀上。我们必须充分体认时代的责任，既不能往祖先的身上推，也不可以向子孙的身上压。把变和不变合起来想，把学习别人和不学习别人也合在一起想。这样首先巩固自己的根本，然后才放心地学习别人，才不致学到他人的皮毛，却丢掉自己的根本。

点睛之笔

现代中国人仍然十分认真赚钱，也尚可称努力勤奋，可惜盲目求取西方现代化，大多失去了根本，弄得脑筋很不清楚。其主要原因是不了解自己。中国人不了解中国人，愈认真求取学问，脑筋就愈加不清楚。中国人讲求持经达变，一旦离经，便可能叛道。离经叛道，成为现代中国人脑筋不清楚的根本原因。

近百年来，我们一直以为"融合中西""学习外国长处"，才是我们努力的目标。其实，往昔中国人之所以包容性特强，敢于学习外来文化而不致迷失自己，是因为那时候中国人有能力持经达变，再怎样融合中外，也不致乱了中华文化的阵脚。现代中国人丧失了持经达变的能力，融合中西的结果，恐怕只有逐渐西化，为西方文化所淹没。古人要我们见贤思齐，是以同文同种的杰出者为模范，现代动不动就提爱因斯坦、林肯、富兰克林，也是学习外国长处愈学愈糟的主要原因。

恢复民族自信心，让子子孙孙永远以身为中国人而觉得荣耀尊贵。认真提升自己，让承前启后的责任在自己肩膀上扛起来，证明自己这一辈子没有白活一场。现代中国人必须有一番正确的作为，才不致上愧对祖先，而下对不起子孙。关于这一点，下一章再行说明。

第二十四章

现代中国人应有的素养

中国人要现代化，这是必然的趋势。首先必须重新认识中华文化，以便了解自己。先做好一个中国人，对自己具有信心。成为堂堂正正的中国人，当然充满自信。建立中国人的观点，才不致迷失了自己。站稳自己的立场，自然不会经常摇摆不定。恢复“持经达变”的能力，掌握自己的“经”，才能够客观地比较中西文化，而不盲目崇拜。尊重各种不同文化的特性，百花齐放。促使中华文化在“地球村”中成为世界的主流。因为中华文化应变力强，包容性大。在 21 世纪，最具有良好的适应力。

重新认识中华文化

中华文化到底是什么？具有哪些特性？

重新认识中华文化，最重要的，必须具备“最大的敬意”。如果抱着“看不起”“不敬重”的不良心态，就不能重新认识中华文化的真面目。

西方人似乎愈来愈重视中华文化，但是他们的心态，大多是“为了避免快速地西化，使中华文化很快丧失”，保持一种“保护稀有动物”的“环保”心情，不一定敬重中华文化，这是我们最应该警惕的。然而，中华文化并不容易认知，如图 24–1 所示。

当然也有少数西方有识之士推崇中华文化的价值，我们应该给予协助，使其更为了解。而不是把他们对中华文化的一些看法当作金科玉律原原本本地翻译成中文，有时候反而误导了中国人。

当代西方商人，为了进军中国市场，不惜重金聘请熟悉中华文化的人士担任顾问。我们也衷心希望这些顾问要凭良心介绍中国文化，以免误导他人。

重新认识中华文化，并不是一件简单的事。面对信息泛滥的现代，

图 24–1　中华文化不容易认识

怎么找到正确的信息，成为非常困难的抉择。叫好的未必叫座，叫座的不见得叫好。书评不一定正确，说明也不一定清楚，真是为难现代中国人。

信息不在多，在精而正确。好好地找几本书，用心地研究，方为正道。21 世纪是信息世纪，国际网络的信息数量多得惊人，我们更需要慎选信息，以免找错了，看得愈多，受害的程度愈深，岂不是十分倒霉？

先做好一个中国人

知道中华文化的精髓，远不如把中国人做好更具有价值。做好一个中国人，才等于真正了解了（如图 24–2 所示）中华文化。事实上，有很多人自以为充分了解中华文化，却始终不能成为一个堂堂正正的中国人。

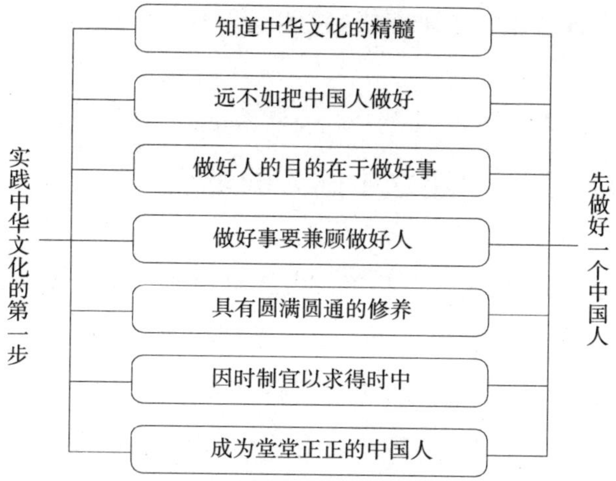

图 24-2　先使自己成为真正中国人

中国人认为，好好做人是为了好好做事。可见做好事实际上比做好人更加重要。做好人好像是个过程，做好事原来才是结果。要把事情处理得圆满妥善，同时还能够兼顾把人做好，尽力使大家都有面子，这样便是做好一个中国人，把中国人的道理用具体的言行表现出来，并且收到良好的效果。

中国人讲求圆通、圆满、圆融，却非常厌恶圆滑。中国人重视随机应变，因时制宜以求时中，却十分反对投机取巧，找借口不守规矩，还要说得振振有词。中国人喜欢艺术，凡事做得好看一些，话说得好听一些，却一直讨厌权术，存心玩弄他人，整天动脑筋要手段，令人很不喜欢。中国人争千秋不争一时，大是非重于小是非，而且主张得饶人处且饶人，不必得理不饶人，使人难堪。中国人凡事由“两难”出发，这样也不是，那样也不好，千万不可一厢情愿，才能够提高警觉地兼顾各方面的情况，随时随地、因人因时而寻找合理的解决方案。凡此种种，都要养成良好的习惯。因为人是习惯动物，一旦习惯成自然，就觉得十分自在。若是养成不良习惯，要改变实在非常困难，所以一开始就应该慎重，务求养成好习惯。

建立中国人的观点

长久以来，民族自尊心低落，民族自信心丧失，使得现代中国人毫无选择地全盘接受西方的观点，并且不觉得羞耻。称呼西方国家，必然加上“先进”的形容词，好像“西方先进国家”，才是我们应该用心学习的对象。事实上，“西方”未必“先进”，而先进的也不全然在西方。

把东方和西方对举，本来就不是正确的观念，但积非成是，好像大家讲久了，已经习惯成自然，一时不容易纠正过来。

现代中国人固然不可以沉醉于往日的成就，为昔日的伟大表现而自傲自大，但是也不可以为了盲目赶上西方而放弃自己的一切。在文化上无条件投降，远比在军事上无条件投降更加悲惨。

我们处在西风东渐、西方文化强力入侵的时代，必须确立中国人的观点，让西方人了解中国人在某些层次确有其独特的看法。唯有东方人欣赏西方，而西方人也欣赏东方，双方才有平等对待互相了解的可能。中国人的观点，应该是中国人对世界和平的重大贡献。

要建立中国人的观点（如图 24–3 所示），首先要认识中国人的“经”，再依据持经达变的方式，以不变应万变，才能够掌握住中国人的根本精神，找出中国人的观点，站稳中国人应有的立场。中国人的观点，难免具有中国人的主观。只要以宇宙共生关系为重，提出一些不一样的看法，提供给其他民族作为参考，多一种选择，应该是有利无害的。

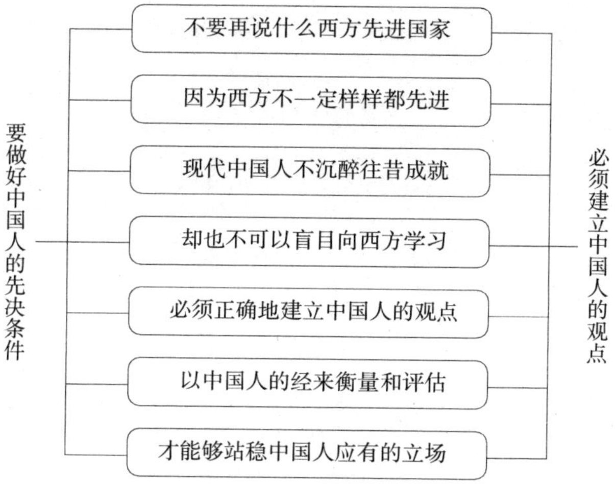

图 24–3 先建立中国人的观点

客观比较中西文化

比较中西文化，一方面，要找出不同的地方，进一步分析其产生差异的原因；另一方面，要发现相同的地方，同时分析其相同的缘由。这样做最大的好处在于采取比较客观的尺度，来衡量中西文化的得失，以持经达变原则，获得取舍从违的标准，以改善当前的社会，建立未来的理想社会，如图 24–4 所示。

比较的工作，不是人人都可以做的。现代中国人受到“个人主义”的影响，自我膨胀到“人人都可以比较中西文化”，以致“人人乱说，莫衷一是”。

有些人只知东不知西，有些人只知西不知东，有些人东西都不知，更有些人知东也知西却无法比较批判，可见这样的工作，做的人要慎重，参考结果的人要更加小心。

图 24-4 建立取舍的标准

我们已经说过，中国人很不容易客观。这里所说的客观，充其量不过是尽量做到客观的地步而已。

研究中华文化，可以明显地看出以“王道”为主，把人当作人看。如果连这一点都怀疑，那就是根本缺乏敬意，最好从头来过，再多花一些时间重新认识。我们并不过分主观，我们只是充满信心而已。

可以批评中华文化太理想化，恐怕不能批评中华文化不够理想。现代人应该仔细想一想，往昔不能实现的理想，现代是不是时过境迁，反而有很多良好的条件，可以使这些理想真正付诸实现？如果是的话，为什么不去实现呢？

尊重各种文化特性

中华文化太理想化，其实是“人”的问题，而不是“文化”的问题。人不努力，不认真实践，还有什么可责怪的？中国人没有做好，不是中华文化有问题。

对自己的文化有信心，才能够尊重各种不同文化的特性（如图 24-5 所示）。文化没有好坏、善恶、优劣、是非的区分，文化是人处在不同时空，为求生存而产生的各种花样，各有不同的特性，应该互相尊重。

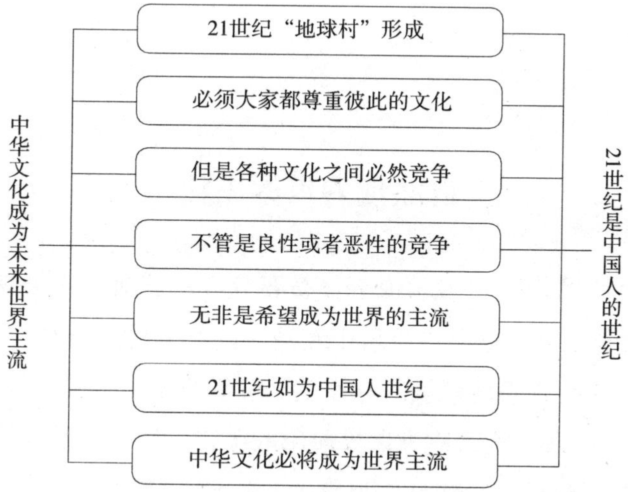

图 24–5　不能忘本才能现代化

世界上多几种不同的文化，才会呈现多元化、多样化。各种不同的花样，最好让它们各自发展。

中华文化如果真的乱七八糟，怎么可能生存五千年之久？大概是百姓日用而不知，大家久而久之，忘掉了中华文化到底是什么。中华文化确实不容易实践，值得花大半辈子，甚至于一辈子去实施。

各种文化都可能产生好人，也都免不了有一些坏人。人的好坏，必须自行负责，和各自的文化没有太大的关系，由于人不好，便把责任推给文化，似乎不妥当。

尊重各种文化的特性，却不能偏离、背弃自己的文化，因为唯有代代尊重传统，把自己的文化一代一代地传承下去，才不致数典忘祖，成为不肖的子孙。

文化可以继旧开新，却不能忘本。中华文化现代化，必须维持原有的特性。“地球村”是大同，各民族有其特性，才有小异。大同小异，世界既统一，又能够保持多彩多姿，统一能和谐，小异有变化，对大家都有好处。

自然成为世界主流

“地球村”的形成，必须尊重不同的文化，让其各自生存发展。但是，各种文化之间，必须产生若干互动，以至于彼此影响，互相竞争。

不管是良性或恶性竞争，各种文化所争的无非是成为世界的主流。例如 1945 年以来，英语成为世界通用的语言。讲英语的人，设法建立各种世界组织和秩序，并且加以掌握和控制，于是英美文化就成为世界的主流。英美之间，同样说英语，但是英国文化和美国文化仍然有所差异，彼此照样竞争，现在似乎美国文化略占上风，成为世界主流文化。

20 世纪七八十年代开始，中华文化逐渐恢复其优势。21 世纪到底是不是中国人的世纪，要看中国人能不能觉悟，是不是能够重新认识中华文化，先使自己做好一个中国人，然后正确地建立中国人的观点，以期客观地比较中外文化，并因而尊重各种文化的特性，使中华文化自然而然成为未来世界的主流，如图 24–6 所示。

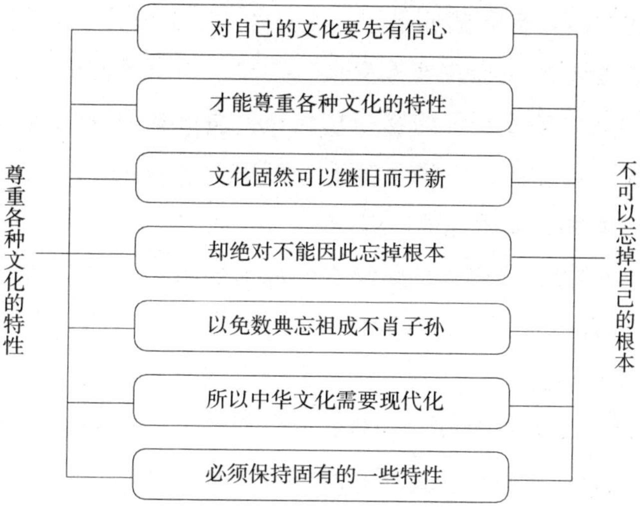

图 24-6　21 世纪是中国人的世纪

唯有中华文化成为未来世界的主流，21 世纪才是中国人的世纪。这种事情，必须靠全民觉醒，共同努力，而且要多做少说，互相鼓励，彼此共勉，才能获得成功。

我们也许相当主观，但是未来世界人的幸福尽在于此，值得共同奋斗！主观不主观，其实并不重要，我们所应该关心的，是对宇宙人生有没有实际的助益，如果有的话，就算相当主观，又有什么不好？

点睛之笔

中华文化博大精深，看起来很不容易了解，更难于实践。其实道理相当简易，做起来也不很困难，可惜我们受到西方人做学问重分析、重专业的影响，把原本一以贯之的道理弄得支离破碎，愈来愈松散零乱而难以掌握。现代中国人最好采取回归原点的态度，返本还原，才能够以简驭繁，真正认识中华文化。

东西方之间，最要紧的不是互相竞争、彼此排斥，应是互相鼓励、彼此沟通。世界的命运毕竟是交织、互动、不可分割的。但是，以西方文化为主流，整个世界终将日益西化，彼此竞争更加激烈。唯有早日以中华文化为主流，倡导“以让代争”，走上互助、互惠、互利的光明大道，人类的幸福才能早日实现。

中华文化的王道精神，必能充分尊重各种不同文化的特性，并且通过持经达变的方式，将各种文化适当地安放在合理的层次，以最大的包容性来兼收并蓄，创造出对人类生活最为有利的新文化。中国人必须首先建立正确的观点，并且充分尊重各种文化特性，使中华文化现代化成为未来世界的主流，使 21 世纪是中国人的世纪的预言早日成为事实。中国人必须勇敢地肩负起这种神圣的责任。